KB023498

1학년이 쓴 1학년 가이드북

EBS 부모교육

초등 1학년 선배들과 현직 교사가 알려 주는
행복하고 건강한 초등학교 생활의 모든 것!

1학년이 쓴 1학년 가이드북

최순나, 대구대봉초등학교 1학년 3반 학생들 지음
김해선 그림

EBS BOOKS

추천하는 글

우리 아이의 첫 학교 입학은 설렘과 기대, 걱정이 함께합니다. 어떤 친구들과 선생님을 만날지, 어떻게 공부해야 할지, 방과 후 시간은 어떻게 보낼지 여러 가지 걱정이 많으실 텐데요, 많은 고민을 하고 계실 학부모님들과 예비 1학년 학생들을 위한 훌륭한 가이드북이 나왔습니다. 초등 1학년 '전문' 담임 선생님인 저자가 제자들과 함께 쓴 이 책은 진짜 1학년 학생의 시선으로, 현장 교사의 시선으로 생생한 학교생활을 보여 주며, 학교가 즐겁게 배우고 건강하게 자라는 교육 현장임을 알려 줍니다. 이 책을 통해 미리 가 보는 초등 1학년 생활을 즐겁게 경험해 보시길 기대하며 여러분께 적극 추천합니다.

대구광역시 교육청 교육감 **강은희**

우리는 모두 한때 어린이였지만 어느새 그때의 기억을 까마득하게 잊고 살지요. 현직 교사가 담임을 맡았던 1학년 학생들과 함께 쓴 이 책은 그 시절 우리 마음이 어땠는지, 몸이 어땠는지 고스란히 떠올리게 합니다. 이런 이해의 마음이 바른 교육의 시작입니다. 이 책은 예비 초등 학부모, 교사뿐 아니라 대한민국에서 아이들과 함께 살아가는 우리 어른 모두가 읽어야 할 '초등 어린이 생활백과'입니다. 초등학교에 입학하는 자녀가 행복한 학교생활을 하기를 원하는 학부모라면 꼭 읽어 보시길 권합니다.

대한민국 맨발학교 교장·대구교육대학교 교수 **권택환**

입학식 날 아이의 손을 잡고 함께 학교에 갔던 것이 바로 어제 같은데, 벌써 아이가 2학년이 되었습니다. 최순나 선생님을 1학년 담임으로 만난 것은 우리 아이에게도 저에게도 행운이었습니다. 학생들이 행복하게 배우고 건강하게 자라도록 늘 고민하신 선생님 덕분에 저희 아이가 몸과 마음이 다 많이 자랐습니다. 이 책을 통해 얼마나 즐겁게 초등학교 생활을 할 수 있는지 더 많은 학부모님과 아이가 알게 되었으면 좋겠습니다.

대구대봉초등학교 이보윤 학생 어머니 **장인경**

1학년이라는 시간은 긴 학창 시절의 시작이라서 가방을 들고 나서는 아이를 보면 한편으로 마음이 무거웠습니다. 하지만 아이가 1학년으로 지내는 동안 걱정은 기대로 바뀌었습니다. 아이는 학교 가는 것을 좋아했고 공부 때문에 스트레스를 받는 일도 없었습니다. 오히려 재미있게 하루하루 보내며 책과 자연에서 배우고 스스로 생각하는 힘을 갖게 되었습니다. 아이에게 이보다 더 중요한 공부가 있을까요? 초등학교 자녀의 공부를 어떻게 도와주어야 할지, 어떤 습관을 길러주어야 할지 고민이시라면 이 책을 꼭 읽어 보세요.

대구대봉초등학교 김예나 학생 어머니 **천미숙**

얘들아, 1학년 되기 전에 나도 되게 떨렸어. 입학식 전날에는 잠도 못 잤어. 그런데 괜히 그랬어. 너희들도 학교 와 보면 알 거야. 유치원 때보다 훨씬 재미있어!

대구대봉초등학교 2학년 김도현

1학년이 되면 뭘 공부하는지, 친구들과 어떻게 지내야 하는지 궁금하지? 우리가 이 책에 다 써 놨어. 재미있게 읽고 당당한 1학년이 되어 봐!

대구대봉초등학교 2학년 윤수임

초등학교에 입학하면 해야 할 일이 많아지지만 할 수 있는 것도 더 많아져. 좋은 점은 그런 일이 거의 다 재미있다는 거야. 1학년이 되면 공부만 하는 줄 알았는데, 운동장에서 친구들과 씩씩하게 뛰노는 것도 다 공부래. 재미있는 공부 많이 해.

대구대봉초등학교 2학년 권혜정

프롤로그

저는 34년째 대한민국 공교육의 현장에서 행복한 초등학교 교사로 살고 있습니다. 그중 13년은 1학년 담임을 하며 보냈지요. 그 경험으로 제안합니다. 배움은 즐거운 일이고 학교는 친구와 함께 배울 수 있는 신나는 공간입니다. 함께 이렇게 만들어 가지 않으실래요? 학생으로서 내딛는 첫걸음이 가벼운 가방이면 충분하도록 말이에요.

오래전 3월, 꽃샘추위가 온몸을 움츠리게 하던 첫아이의 입학식 날을 생생하게 기억합니다. 아이보다 더 두근거리는 마음으로 운동장 모퉁이에서 눈시울을 붉히며 아이의 뒷모습을 지켜보았지요. 이 책은 바로 그때의 간절한 마음으로 만들었습니다.

초등학교 입학으로 아이는 자신의 삶을 근사하게 살아 내기 위한 첫발을 내딛게 됩니다. 좋은 대학을 가기 위해 준비하는 첫날이 아닙니다. 이제 아이는 학생이라는 신분으로 스스로의 삶을 힘차게 펼쳐 갈 것입니다. 두근두근 교실 여행이 시작됩니다. 긴 배움의 길 위에 들어선 것이지요.

잘할 수 있을까요? 교실에서는 어떤 일들이 벌어질까요? 어떻게 배우고 성장하게 될까요?

두려움과 설렘으로 입학한 우리 반 아이들이 학교생활 1년 차 선배가 되었습니다. 그들이 자신의 경험을 담아 이렇게 말합니다.

"1학년 후배들아, 학교는 재미있어."

“엄마 아빠, 우리는 잘할 수 있어요. 걱정하지 마세요.”

이렇게 잘 해낼 수 있는 여덟 살 인생에 박수를 보내고 응원하는 학부모가 되고 싶지 않으세요? 교사와 학부모의 존중과 신뢰 없이 교육은 불가능합니다. 돌봄과 교육의 마지막 목표인 자녀의 온전한 자립을 위해 함께 나아가지 않으실래요?

아이들은 학교에 오면 혼자 배우지 않습니다. 교실에는 마음을 나눌 친구들이 있지요. 용기 있게 묻고 친절하게 대답해 주며 아이들은 함께 자랍니다. 서로의 스승이 되어 배우고 가르치며 더불어 성장해 나가지요. 1학년의 공부는 친구들과의 놀이를 통해 재미있게 할 수 있습니다. 같이 하면 풀꽃 관찰도 멋진 공부가 되고 넓은 운동장도 꿈을 키워 주는 교실이 되니까요.

이런 학교생활을 통해 아이들은 함께 살아가는 법을 배우게 됩니다. 아이 안의 무한한 가능성을 믿으세요. 손잡고 함께 배우는 친구의 힘을 믿으세요. 의젓해진 자녀를 만나시게 될 거예요. 잘 살아간다는 것은 속도가 아니라 방향입니다. 살짝만 방향을 바꾸면 아이도, 부모님도, 교사도 함께 행복한 학교생활을 할 수 있는 길이 열립니다.

요즘 초등 학부모가 되는 것은 어쩌면 설렘보다 걱정이 앞서는 일일지도 모릅니다. 과도한 사교육, 끝없는 경쟁, 학교와 교사에 대한 불신, 내 아이에 대한 염려로 두려운 마음이 드시겠지요. 아무쪼록 이 책이 학부모로서의 삶에 던져진 숙제를 푸는 데 소박한 길잡이가 되고, 여덟 살 교실 여행을 함께 할 선생님, 학부모, 학생에게 좋은 친구가 되면 좋겠습니다.

힘든 현실에서도 학교는 여전히 의미 있는 곳입니다. 학교생활을 통해 아이는 몸과 마음이 성장하고, 아이의 학교생활을 지켜보는 부모님도 더 깊어지는 인생을 경험하실 수 있을 거예요. 이제 곧 초등학교를 입학하게 될 여러분의 자녀는 유능한 학습자임을 잊지 마세요.

너무 염려하지 마시고 따뜻한 시선으로 교실을 지켜봐 주세요. 학교에는 아이의 성취에 부모처럼 기뻐할 교사가 기다리고 있습니다. 이 책을 펴서 이 글을 읽고 계시는 여러분은 이미 부모로서 충분합니다.

2022년 12월

첫 선생님, 최순나

차례

PART 2 서로의 도움으로 나를 찾아가는 길

어떤 습관을 들여야 할까요?

PART 3 내 마음이 꼼지락꼼지락
친구와 어떻게 지내야 할까요?

PART 4 가르침을 멈출 때 배움이 시작된다

놀이가 어떻게 공부가 될까요?

PART 1

1학년 교실풍경

수업 시간에는 무엇을 하나요?

01

1학년 생활, 이렇게 하면 잘할 수 있어요!

1학년이 1학년에게 전하는 꿀팁!

안녕, 후배들아? 입학을 축하해. 학교생활 잘하는 방법을 알려 줄게. 하나, 학교에선 충분히 노는 시간을 주지만 완전 노는 시간이 아니야. 공부와 상관있는 놀이라는 걸 잊지 말고 떠들거나 장난치지 않도록 해. 둘, 엄마랑 같이 등교할 때 엄마 손 놓지 말고 잘 잡고 길을 잘 기억해. 언젠가는 혼자 등교하게 되거든. 셋, 내 할 일을 다 끝낼 수 있어야 진정한 학생이야. 숙제도 잊지 마.

박시현

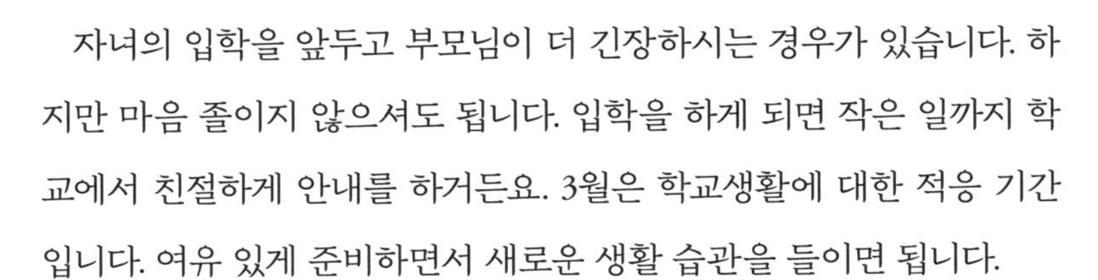

자녀의 입학을 앞두고 부모님이 더 긴장하시는 경우가 있습니다. 하지만 마음 졸이지 않으셔도 됩니다. 입학을 하게 되면 작은 일까지 학교에서 친절하게 안내를 하거든요. 3월은 학교생활에 대한 적응 기간입니다. 여유 있게 준비하면서 새로운 생활 습관을 들이면 됩니다.

등굣길을 자녀와 함께 미리 익혀 두고, 낯선 환경에서의 새로운 시작을 두려워하는 자녀를 격려하고 힘이 되는 말을 자주 해 주시는 것도 좋겠지요.

"너 이렇게 행동하면 학교 가서 선생님한테 혼나. 친구들이 싫어해."

이렇게 학교와 교사, 친구에 대한 부정적인 생각을 가질 수 있는 말씀을 하지 않는 것이 중요합니다. 입학 전 가장 중요한 준비는 배움과 만남에 대한 설레는 마음입니다.

처음 초등학교에 자녀를 보내는 부모님은 다녀오겠다며 꾸벅 인사하고 교문으로 들어서는 아이의 뒷모습에 코끝이 찡해지실 것입니다. 드디어 학부모가 되는 순간이지요. 좋은 학부모가 될 수 있을까? 걱정이 앞서 가방 안에 챙겨 넣어 주고 싶은 것이 너무나 많을 것입니다. 자꾸만 마음 가방이 무거워지겠지요.

그래서 아이의 가방을 먼저 열어 알림장을 보고 준비물을 다 챙겨 주고 매일매일 교문 앞까지 데려다주시는 경우가 많습니다. 1학년이 학교에 가서 배워야 할 공부가 바로 그런 것인데도 말이지요. 스스로 옷을 입고, 이를 닦고, 밥을 먹고, 준비물을 챙기고, 안전하게 길을 건너고, 집으로 돌아오고, 친구와의 만남을 선택하고, 주어진 활동을 해 보는 일이 공부입니다. 그 길에서 상처도 받고 이겨 내고 다툼도 하고 화해하고 그래야 공부가 됩니다.

"너는 공부만 해. 다른 건 엄마가 다 해 줄게."

물론 아이를 위하는 마음에 이렇게 하시는 것이겠지요. 하지만 그 공부가 무엇일까요? 세상에 그런 공부는 없습니다.

"잘 모르겠어. 가르쳐 줄래?"

"너는 어떻게 생각해?"

"가르쳐 줘서 고마워."

초등학교에 입학하면 이제 이런 말에 익숙해져야 합니다. 이것은 우리 반 교실에 붙여 둔 우리들의 약속이기도 하지요. 이런 교실에서 아이들은 서로의 스승이 되어 배우고 가르치며 커 갈 것입니다. 어른들은 아이들을 따뜻한 시선으로 지켜보며 칭찬과 격려를 해 주면 됩니다.

아이는 자기 그릇만큼 자랍니다. 때로는 시간이 걸리더라도, 자기 그릇 속에 담긴 보석이 무엇인지 알 수 있도록 기다려 주면 됩니다. 그게 제일 어렵습니다. 자꾸 먼저 가르쳐 주고 싶어지니까요. 그래서 매일 돌아보고 마음을 다잡아야 합니다. 아이보다 어른이 먼저 매일 마음을 가다듬어야 합니다.

어미 말은 새끼 말이 자신의 힘으로 넓은 광야를 달리도록 옆에서 함께 달려 줍니다. 새끼 말이 스스로 달리려는 의지를 보일 때 한 걸음 뒤에서 달리지요. 스스로 달리고 싶어 하는 새끼 말의 본성을 믿고 기다립니다. 새끼 말이 멈추면 함께 멈추고 기다립니다. 빨리 가라 재촉하거나 앞서 달리며 따라오라 하지 않습니다. '빈마지정牝馬之貞'(『주역』에 나오는 사자성어로 '어미 말이 유순한 덕德으로 힘든 일을 인내하여 성공함'을 뜻합니다)의 이야기입니다.

교사가 바쁘면 안 되고 부모님도 바쁘시면 안 됩니다. 아이도 바쁘면 안 됩니다. '바쁜 교사는 나쁜 교사'라는 말이 있습니다. 될 때까지 기다려 주고 천천히 다시 하도록 하면 됩니다. 매일, 꾸준히, 단순하게 다가가야 합니다. 잘될 때까지 컵을 바르게 놓아야 하고, 잘될 때까지 신발을 바르게 정리해야 합니다. 이렇게 익히는 것은 아이의 몫입니다.

"선생님 보고 잘 따라 해 봐."

교사는 시키고 학생은 졸졸 따라만 하면 되는 세상은 지나갔습니다. 종종종 아기 오리처럼 나아가는 아이들을 지켜보며 그들 속도에 맞추어 믿고 기다리는 어른이 필요한 세상이 되었습니다. 이 땅의 학부모님들에게 손을 내밉니다. 새끼 말을 훈련시키는 조련사 말고 한 걸음 뒤에서 따뜻한 눈빛으로 함께 달려 주는 어미 말이 되자고 말입니다.

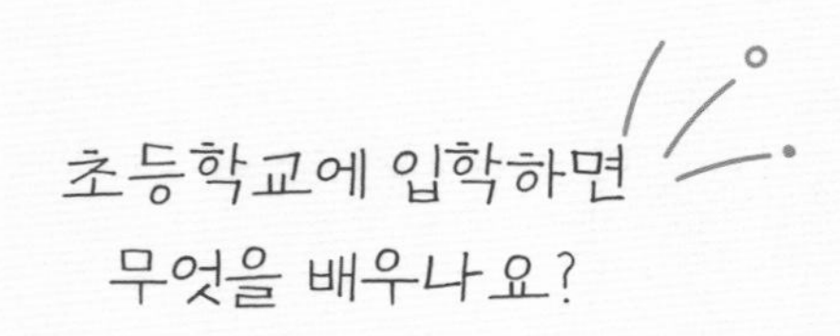

초등학교에 입학하면 무엇을 배우나요?

처음 초등학교에 입학하면 『1학년이 되었어요』라는 첫 교과서로 3월의 공부를 시작합니다. 입학 초기 이 기간은 학교생활에 적응하는 시간입니다. 대략 4주 정도 진행되지요. 이 책은 정식 교과 공부를 시작하기 전에 학교에 관심을 갖게 하는 내용으로 이루어져 있습니다. 친구들과 잘 지내기 위한 약속을 정하고 기본적인 규칙을 익히는 준비 학습도 포함되어 있지요.

교과 공부는 국어, 수학, 통합 교과로 구성되어 있습니다. 국어는 학기별로 3권의 교과서, 『국어(가)』, 『국어(나)』, 『국어 활동』으로 수업이 진행됩니다. 아이들은 글자를 익히고 문장을 이해하며 기본적인 읽기, 쓰기, 말하기, 듣기를 배우게 되지요.

수학 교과서로는 학기별로 각각 수학책 한 권과 『수학 익힘』이 있습니다. 『수학 익힘』에는 수업 시간에 배운 내용을 한 번 더 되새길 수 있는 문제가 나오는데, 학교에서 활동으로 진행하기도 하고 가정 학습으로 해결하기도 합니다.

통합 교과는 바른 생활(도덕), 슬기로운 생활(과학 · 사회), 즐거운 생활(음악 · 미술 · 체육)의 영역을 배우는 과목입니다. 1학기에는 『봄』, 『여름』, 2학기에는 『가을』, 『겨울』 교과서로 수업을 하지요. 통합 교과는 놀이를 중심으로 이루어지는 학습 활동이 많아서 아이들의 흥미가 높습니다.

교과 외에 하는 활동은 '창의적 체험 활동'이라고 하는데, 자율 활동, 동아리 활동, 봉사 활동, 진로 활동 등으로 구성되어 있지요. 이런 다양한 활동을 통해 아이들은 교과와 곧바로 혹은 느슨하게 연계된 다양한 체험을 하게 됩니다.

창의적 체험 활동에는 2017년부터 64시간의 『안전한 생활』이 포함되었습니다. 생활안전, 교통안전, 신변안전, 재난안전 영역으로 구성되어, 아이들에게 학교나 야외에서 안전하고 건강하게 생활할 수 있는 역량을 길러 줍니다.

교과서 소개를 보니 아이가 잘 해낼 수 있을까 더욱 염려가 되시나요? 괜찮습니다. 1학년 생활은 학교가 즐거운 곳이고, 배움은 신나는 일이고, 친구는 참 소중하다는 사실을 깨닫는 것으로 충분하니까요. 학교는 밖에서 미리 배우고 익힌 것을 친구들 앞에서 자랑하는 곳이 아닙니다. 학교란 배움을 통해 내가 좀 더 나은 사람이 되어 가고 있음을 느끼고 바람직한 방향으로 작은 습관들을 하나씩 만들어 가는 곳입니다.

02

책을 재미있게 읽는 방법을 알려 줄게요!

1학년이 1학년에게 전하는 꿀팁!

친구들과 똑같은 책을 고르고 각자 읽은 뒤 초성 퀴즈를 내 봐. 엄청 재미있다. 퀴즈는 책에 있는 낱말로 내면 돼. 초성 퀴즈가 아직 어려우면 수수께끼도 괜찮다. 돌아가면서 한 문제씩 내는 거야. 그렇게 해서 제일 많이 맞춘 사람이 1등이다. 이렇게 규칙을 정하고 읽으면 재미도 있지만 집중해서 읽을 수밖에 없어. 따라서 책에 쏙 빠지게 된다. 공부에도 도움이 되니까 너무나 좋다.

이윤아

우리 반은 국어 수업 때 그림 동화를 읽고 생각이나 느낌을 나누는 시간을 갖습니다. 그림책을 읽어 주면 아이들은 꽤나 몰입합니다. 재미있는 책 읽기를 위해 우리 반이 하는 활동을 소개해 드릴게요.

그림책 읽기가 끝나면 책상과 의자를 복도로 옮겨서 교실을 넓히고, 모둠별로 수십 권의 그림책을 가져갑니다. 책으로 벽을 쌓고 담장을 만들면 곧 교실 여기저기에 책으로 만든 집이 생겨나지요. 그 안에 모둠을 이루는 네 명의 아이들이 나란히 눕습니다. 그리고 도란도란 책 이야기를 나눕니다. 읽고 싶은 책을 골라 누워서 읽기도 합니다. 잠이 들어도 괜찮습니다.

책을 읽은 아이들은 『황금 거위』, 『구름빵』, 『지각대장 존』의 주인공들을 만나고 싶어 합니다. 신데렐라를 만나 유리구두를 잃어버린 이유를 묻고 싶다는 아이도 있지요. 이렇게 책놀이를 하다가 아이들은 읽고 있던 책의 주인공을 만나러 갑니다. 차츰 교실이 조용해지고 꿈나라인지 책나라인지 모를 새로운 세상으로 빠져들지요. 저는 교실의 전등을 끕니다.

"『무지개 물고기』를 덮고 누워 있었는데요, 진짜 물고기가 책 속에서 나와서 내 코를 간지럽히는 것 같았어요."

"나도 모르게 잠이 들었어요. 흥부네 아이들이 모두 나왔어요."

한참 시간이 지나면 아이들은 잠에서 깨 책 속 주인공을 만난 이야기를 합니다. 꿈인지 상상인지 모를 이야기도 하지요. 책의 내용을 머리뿐 아니라 마음으로도 받아들이는 것입니다.

이런 것이 가능한 곳이 여덟 살의 교실입니다. 책 속의 주인공들은 메마른 현실을 살아가는 우리와는 달리 악마를 물리치고 바닷속 물고기의 도움도 받고 도깨비방망이도 얻습니다. 그런 책 속의 인물들과 교감하는 것, 그 속에서 멋진 상상을 해 보는 것, 선과 악에 대해 배우고 삶에 대해 성찰하는 것이 바로 책 읽기가 주는 혜택입니다.

독서 교육의 첫걸음은 책과 친해지는 것입니다. 책 읽기는 성공을 위한 '스펙'이 아니라 마음을 풍요롭게 해 주는 '선물'이 되어야 합니다. 아이들에게 책 읽기가 숙제가 아니었으면 좋겠습니다. 해야 할 공부가 아니었으면 좋겠습니다. 포장지를 뜯기 전부터 두근두근 설레고 기대되는 선물 상자였으면 좋겠습니다.

받아쓰기는 어떻게 하면 잘할 수 있을까요?

'초등학교 입학' 하면 떠오르는 낱말 중 하나가 '받아쓰기'입니다. 빨간색 색연필로 그린 큰 동그라미에 아이들의 희비가 엇갈리는 시험지가 생각나네요. 언제부터인지 유치원 7세 반에서 2학기부터 받아쓰기를 하는 곳도 있는 것 같습니다. 해마다 3월이면 유치원에서 받아쓰기를 해 보았다면서 언제 하냐고 묻는 아이들이 있으니까요.

받아쓰기를 하는 이유는 낱말을 정확하게 듣고 쓰는 것입니다. 듣기 능력을 기르고 어휘력을 높이는 데 도움이 되지요. 이런 받아쓰기 실력은 짧게라도 자기 생각을 글로 써 보는 것으로 향상될 수 있습니다.

저는 받아쓰기 대신 '문장쓰기', '생각쓰기'라는 이름의 짧은 글쓰기를 통해서 아이들이 글자를 익히게 하고 있습니다. 이렇게 해도 충분히 가능하다고 생각합니다. 정확한 맞춤법을 1학년 때 다 익혀야 하는 것도 아닙니다. 좀 틀려도 괜찮습니다. 결국 누군가가 불러 주는 글을 받아쓰는 것보다는 서툴러도 자신의 생각을 쓸 줄 아는 것이 중요하니까요.

"오늘 날씨를 말해 볼래요? 자신의 생활이나 생각을 넣어서 말하면 더 좋습니다."

"오늘 아침 바람이 불었습니다."

"손이 시려 주머니에 손을 넣었습니다."

"방금 친구의 이야기를 국어 공책에 써 볼래요?"

친구들이 발표한 문장을 다 같이 써 봅니다. 자연과 우리의 생활 모습을 연결시킨 좋은 문장입니다. 이 문장을 통해 받아쓰기 공부도 하고 자연 현상에 대한 관찰력도 기르고 경험을 표현하는 능력도 키웁니다.
주어만 주어지는 문장쓰기도 재미있습니다. '우리 선생님은', '나는', '하늘은' 이렇게 주어를 정해서 문장을 완성하는 것이지요. 아이들이 자연스럽게 자기 삶의 이야기를 털어놓으며 바른 글씨 공부를 하게 됩니다.
아이의 글은 짧아도 독자가 있는 것이 좋습니다. 한 문장의 글에서 그 아이만의 생각을 찾아내 인정해 주고 공감해 주어야 합니다. 그래야 아이가 글을 쓰고 싶어 합니다. 이렇게 공부하면 2학년, 3학년의 글쓰기 공부와 자연스럽게 연결됩니다.
받아쓰기로 바른 글씨를 알게 하는 것은 수동적인 공부입니다. 자신의 생각이 있고 그 생각을 글로 쓰고 싶어서 바른 글자를 배워야겠다는 마음이 들도록 해 줘야 합니다. 이것이 능동적인 공부이지요.
책을 소리 내어 읽는 것도 글자를 바르게 잘 쓰기 위한 좋은 방법입니다. 정확한 글자에 관심을 가지면서 또박또박 읽다 보면 어휘력과 함께 문장을 이해하는 능력도 길러지지요. 초등학교 1학년 때에는 정확한 맞춤법을 익히게 하는 것 못지않게 자연스럽게 글자를 쓰고 책을 읽을 수 있는 환경을 만들어 주는 것이 중요합니다.

03

시계 보는 게 어려울 땐 이렇게!

1학년이 1학년에게 전하는 꿀팁!

시계 보는 게 헷갈려? 내가 좋은 방법을 알려 줄게. 시계에 짧은바늘, 긴바늘을 잘 구분하는 거야. 긴바늘은 분을 뜻하고 짧은바늘은 시를 뜻해. 이것만 잘 기억하면 반은 성공이야. 시계에 숫자는 1부터 12까지 있잖아? 짧은바늘은 숫자에 가 있는 대로 보면 되는데, 긴바늘은 좀 어려워. 구구단 들어 봤지? 난 5단을 미리 외워 버렸어. 12가 0분인 것만 잘 기억하고 구구단 5단을 알면 끝이야. 1은 5분, 2는 10분, 3은 15분, 4는 20분, 5는 25분, 11은 55분이야. 구구단 5단 조금만 연습하면 돼. 하나도 안 어려워!

박시현

시계 공부를 할 때마다 특별한 학부모님 한 분이 생각납니다. 그분은 등교하는 아이의 알림장에 종종 쪽지를 붙여 두셨습니다.

"수업 마치고 1시 30분에 학교 시계탑 앞에서 만나자. 떡볶이 사 먹으러 가게."

아이는 엄마와의 약속을 정확하게 지키고 싶어서 몇 번이고 제게 시계 보는 법을 다시 물었습니다. 시계 보기를 어려워하던 그 아이는 차츰 시계 읽기를 좋아하게 되었지요.

"사탕 한 봉지가 있는데 친구 셋이서 똑같이 나누어 먹으려고 해요. 어떻게 하면 좋을까요?"

초등학교 저학년의 수학 수업은 이렇게 일상생활과 연결되어 있는 경우가 많습니다. 수학적 상황을 일상생활에 빗대 공부를 하는 것이지요. 수학 공부를 두려워하지 않도록 생활 속의 경험과 연결 지어 보는 것은 좋은 방법입니다.

'수학' 하면 덧셈, 뺄셈을 빨리 정확하게 하고 구구단을 외우는 것을 떠올리기 쉽습니다. 하지만 수학 공부는 연산 능력이 전부가 아닙니다. 수학적 사고력, 문제 해결력을 기르는 것이 중요하지요. 학습지를 풀고 나서 자신이 틀린 이유를 찾아보는 것도 좋습니다.

"문제를 잘못 읽었어요."

"아는 문제인데 빼먹고 안 했어요."

“시간이 부족해서 못 했어요.”

“아직도 이해가 안 돼요.”

아이들은 어른이 생각하는 것보다 자신이 왜 틀렸는지 명확히 찾아냅니다. 이런 과정을 통해 아이들은 자신이 무엇을 더 갖추면 될지, 교사는 어떤 부분을 도와주면 될지 알 수 있어요. 자주 문제를 잘못 읽는다면 침착하게 문제를 읽는 연습을 해야 합니다. 실수를 많이 한다면 실수를 줄일 방법을 연구해 봐야 하는 거지요.

학습력이 뛰어난 아이는 이유를 파악한 다음 정확한 답을 알려고 노력합니다. 이런 과정에서 자신이 알고 있는 것과 모르는 것을 정확히 구분하는 메타인지가 길러지지요. 하지만 대부분의 아이들은 몇 개 맞고 몇 개 틀렸는지에만 관심이 많습니다. 그래서 때로 틀린 문제를 다시 푸는 공부보다 틀린 이유를 찾는 공부가 더 필요하지요.

너무 잘하고 싶은 마음에 긴장해서 오히려 제대로 문제를 해결 못하고 실수하는 아이를 볼 때면 가장 안타깝습니다. 공부에 대한 부모님의 기대와 염려가 너무 큰 것은 아닐까 염려되기도 하지요. "문제를 잘 읽어라", "네가 덤벙대서 틀린 거다" 같은 지적을 받는 것보다 스스로 틀린 이유를 찾아보고 해결 방법을 찾아보면 자기 주도적 공부가 될 수 있습니다. 그러고 나서도 이해가 안 되는 문제는 친구나 선생님께 물어보고 알아 가면 되겠지요.

'몇 개를 더 맞히고 덜 맞히는가'보다는 '수학 공부를 어떻게 대하는가', '자신감을 가지고 있는가', '공부를 재미있어하는가'가 더 중요합니다. 비록 답은 틀리더라도 복잡한 문제를 두려워하지 않고 적극적으로 해결하려는 태도가 더 중요하지요. 길게 보면 그런 아이가 수학을 잘하는 아이가 되지 않을까요?

평가지의 오답과 정답 안에 숨어 있는 아이의 수학에 대한 마음과 태도를 읽고 격려해 주세요. 배움에 대한 용기는 부모님의 응원으로 더 커질 수 있습니다.

미국의 어느 고등학교에서 100점을 받은 아이에게 선생님이 이렇게 말했다고 합니다.

"안타깝게도 너는 이 시험을 통해 새로 배운 것이 하나도 없구나."

기억해 주세요. 빗금이 그어진 아이의 시험지에는 새로운 배움이 함께 들어 있답니다.

국어·수학·영어, 입학 전에 얼마나 미리 공부해야 할까요?

추운 겨울을 이겨 내고 나면 봄꽃이 피기 시작합니다. 산수유, 매화를 시작으로 개나리, 진달래가 피어나지요. 자연의 섭리에는 이렇게 질서가 있습니다. '내가 먼저 피어나야지' 하면서 지난해 가을 먼저 꽃을 피운 개나리는 올해 봄에 다시 필 수 없지요. 다 때가 있습니다. 기어 다닐 때는 충분히 기어야 하고 걸음마를 배울 때는 충분히 걸어야 합니다.

보통 부모님들은 자녀가 또래보다 빨리 글을 읽게 되면 좋아하시지요. 하지만 다섯 살이 책을 열심히 보면 무언가를 덜 하게 됩니다. 언어에 갇혀 그 또래가 해야 할 언어 밖의 무한한 상상을 할 수가 없다는 이야기입니다.

외국어인 영어 습득 또한 적절한 시기가 있습니다. 모국어를 제대로 배워야 할 영유아기에 배운 영어는 독이 되기 쉽습니다. 모국어를 완전히 익히지 못한 상태에서 영어를 익히면 나중에 가서 국어도 영어도 제대로 못 하는 성인이 될 수 있지요. 이는 많은 언어교육 전문가들의 설명입니다.

다섯 살 때에는 다섯 살의 배움을 충분히 하고, 일곱 살 때에는 일곱 살의 배움을 충분히 한 뒤에 학교에 입학하면 됩니다. 여덟 살의 과제는 여덟 살에 해결하면 되는 것입니다. 또래보다 책을 빨리 읽고 수학 문제를 잘 푸는 아이가 오히려 학교에 입학하고 배움의 기쁨을 잃어버릴

지도 모릅니다. 1학년 때 정말로 귀하게 배워야 할 것들이 시시하게 여겨질 수 있기 때문입니다.

국어든 영어든 수학이든 자연스럽게 생활하면서 관심을 가지는 날이 오면 아이의 질문에 답해 주는 것이 좋습니다. 학교란 모든 것이 준비되었을 때 오는 곳이 아니지요. 긴 배움의 시작 앞에서 느끼는 두근거림이면 충분합니다.

자연에서, 시장에서, 집의 주방에서 충분히 일상을 체험하고 온 아이의 학습 능력은 하루하루가 달라집니다. 튼튼한 몸, 행복한 마음을 준비하고 학교에 오면 됩니다.

"너 이거 못 하면 학교 가서 혼날 거야."

"다른 애들은 다 배우고 갈 텐데 너만 하나도 모르고 갈래?"

이런 말을 들으며 한 선행 학습이 약이 될 리 없습니다. 출발선에서 힘들게 도전하는 아이, 처음에 쩔쩔매다가 문제를 잘 해결하게 된 아이, 그래서 학교가 재미있고 보람 있다고 여기는 아이. 그런 아이가 되면 됩니다.

아이는 배우고 싶어 하는 존재이고 잘 살아 내고 싶어 하는 존재입니다. 부모님과 교사가 그 사실을 믿어야 합니다. 그래야 교육이 시작됩니다. 부모님이 먼저 믿고 기회를 주세요. 내 아이가 잘 해낼 수 있을까? 불안해하고 염려하지 않으셔도 됩니다. 그 불안과 염려의 바탕이 무엇인지 돌아보세요. 내 아이가 다른 아이보다 잘나기를 바라는 마음, 아이가 내 체면을 세워 주기를 바라는 마음은 혹시 아닐까요?
아이는 부모의 자랑이 되려고 공부하는 것이 아닙니다. 지금 우리가 '교육'이라는 이름으로 하고 있는 많은 말과 행동이 과연 '교육'이 맞는지 함께 생각해 보아야 합니다. 교육이란 이름으로 상처 주고 자존감을 잃어버리게 하고 있지는 않는지 함께 돌아보면 좋겠습니다. 많이 주려고 하지 말고 아이가 무엇을 원하는지 먼저 생각하고 아이와 눈 맞출 시간을 더 가지면 좋겠습니다. 이것은 교사인 저의 다짐이기도 합니다.

04

부끄러워하지 않고 발표를 잘하는 방법!

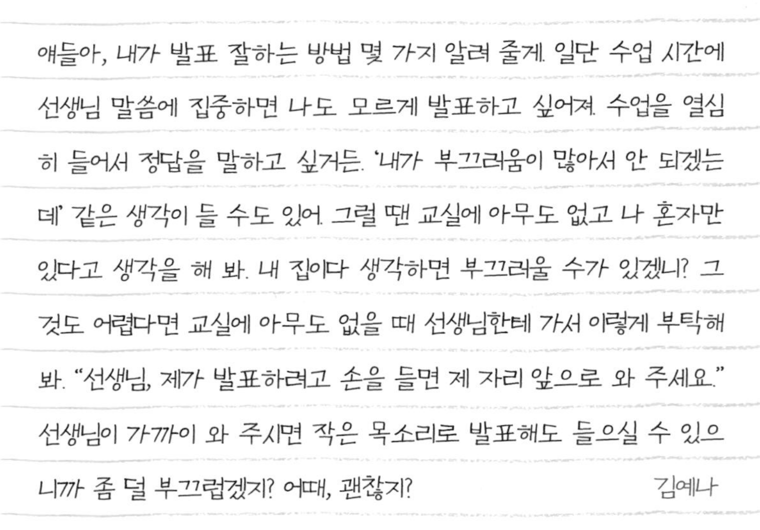

1학년이 1학년에게 전하는 꿀팁!

얘들아, 내가 발표 잘하는 방법 몇 가지 알려 줄게. 일단 수업 시간에 선생님 말씀에 집중하면 나도 모르게 발표하고 싶어져. 수업을 열심히 들어서 정답을 말하고 싶거든. '내가 부끄러움이 많아서 안 되겠는데' 같은 생각이 들 수도 있어. 그럴 땐 교실에 아무도 없고 나 혼자만 있다고 생각을 해 봐. 내 집이다 생각하면 부끄러울 수가 있겠니? 그것도 어렵다면 교실에 아무도 없을 때 선생님한테 가서 이렇게 부탁해 봐. "선생님, 제가 발표하려고 손을 들면 제 자리 앞으로 와 주세요." 선생님이 가까이 와 주시면 작은 목소리로 발표해도 들으실 수 있으니까 좀 덜 부끄럽겠지? 어때, 괜찮지?

김예나

학교의 학습 활동은 집에서 혼자 공부할 때와는 달리 자신의 의견을 말해야 할 때가 많습니다. 국어뿐만 아니라 모든 교과 수업 시간에 배운 내용에 대한 의견을 여러 사람 앞에서 똑똑하게 말할 수 있으면 좋지요. 수업을 하다 보면, 읽은 책의 주인공에 대해 설명하기도 하고 자신이 그린 그림을 소개해야 할 때도 있으니까요.

아이는 반 전체 앞에서 발표해야 할 때도 있고 모둠 친구들과 의견을 나누어야 할 때도 있습니다. 발표는 중요한 공부 방법이기 때문에 아이가 학교에서 발표를 잘했으면 좋겠다고 바라시는 부모님이 많지요. 용기가 없으면 어쩌나 걱정하시기도 합니다. 안타깝게도, 그런 부모님의 마음에 부담을 느끼고 오히려 발표를 두려워하는 아이들이 종종 있습니다.

발표를 어려워하는 아이들과 방과 후에 이야기를 나누어 보면 자기의 생각을 재미있게 잘 표현합니다. 그런데 막상 수업 시간에 많은 친구들 앞에서 이야기할 때는 잘 하지 못하지요. 용기를 내려면 연습이 필요합니다. 이런 아이들과 수업이 끝나고 몇 번의 연습을 했습니다. 글씨쓰기나 책 읽기처럼 발표도 반복해서 연습하면 차츰 잘할 수 있습니다. 한 번 용기를 내면 두 번째는 훨씬 쉽게 할 수 있게 됩니다.

처음부터 반 전체 앞에서 발표하지 말고 짝과 함께 말해 보기, 모둠에서 말해 보기, 혼자 연습해 보기 등의 과정을 거치면 더 자신 있게

할 수 있습니다. 발표를 잘하기 위해 빼놓을 수 없는 것이 친구의 말을 잘 듣는 경청 태도를 기르는 일입니다. 친구의 작은 목소리에도 귀 기울여 들을 수 있도록 자주 연습해야 하지요. 저는 친구의 이야기를 듣고 알게 된 점을 발표하는 기회를 많이 줍니다.

얼마 전에 우리 반은 무궁화 그리기를 했습니다. 아이들은 준비해 온 사진 자료를 보면서 무궁화를 그렸습니다. 아이들은 각자 자기 수준만큼 표현합니다. 그림에 소질이 있거나 미술 학원에 다닌 아이와 그렇지 않은 아이의 작품이 차이가 나기도 합니다. 그림 그리기 수업은 결과를 숨길 수 없습니다.

"선생님 다 그렸어요. 이제 그만해도 되나요?"

"그림이 마음에 들어요? 그림의 작가인 별이 마음에 들어야지요. 부족하다고 여겨지는 부분이 있나 더 살펴보고 마음에 들면 그만해도 되지 않을까요?"

미술 시간이 끝나면 잘 그린 작품을 칭찬하기도 하고 상을 주기도 하고 교실에 게시해 두기도 합니다. 감상을 나누기도 하지요. 하지만 한 번의 그림 그리기를 통해 아이들의 미술 실력이 늘어나기는 힘듭니다. 일주일이 지난 어느 날 아침에 아이들과 함께 무궁화 그리기 작품을 다시 살펴보았습니다. 작품을 함께 보면서 보충하고 싶은 부분을 이야기 나누었지요.

"잎 부분에 색을 좀 더 꼼꼼히 칠하면 좋겠어요."

"배경을 좀 더 꾸미고 싶어요."

아이들의 의견 표현이 활발합니다. 자신의 그림을 고치겠냐고 물으니 모두들 그러겠다고 했지요. 일주일 전보다 그림의 완성도가 높아졌습니다. 그 그림들을 예쁘게 교실에 전시했습니다. 아이들은 완성도가 높아진 자신의 그림을 보며 뿌듯해했지요. 무궁화 그리기 수업 이전보다 그리기에 대한 생각도 깊어졌습니다.

처음 그릴 때는 자신의 실력만큼만 그림에 담아냈습니다. 하지만 친구들의 그림을 보고 의견을 나누고 나서 자기 그림을 다시 보면 보완하고 싶다는 생각을 갖게 되지요. 그렇게 속옷만 입었던 작품이 점점 모양을 갖추어 가는 예쁜 차림이 되었습니다.

아이들은 이 과정을 통해 자신감을 가지게 됩니다. 자꾸 새로운 그림을 그리게 할 게 아니라 자기 그림을 다시 살펴보고 수정하고 보완해 나갈 기회를 주어야 합니다. 친구의 도움으로, 나의 노력으로 좀 더 완성도 있는 그림을 만드는 경험이 필요합니다.

이런 경험은 아이들의 발표력과도 연결됩니다. 나는 노력하면 더 잘하게 되는 사람이라는 자신감을 가지면 목소리에 힘이 들어갑니다. 자신의 생각을 똑똑하게 이야기하게 되지요. 갈등 상황에서 자신의 의견도 훨씬 잘 말합니다. 이렇게 공부는 서로 연결되어 있습니다.

학습 능력과 시험 평가는 어떻게 이루어지나요?

초등학교에서 이루어진 평가는 상급 학교로 진학하는 자료로 쓰이지 않습니다. 지금 학교 현장에서는 '교수평기 일체화'라는 용어가 익숙합니다. '교육 과정, 수업, 평가, 기록의 일체화'를 줄인 말이지요. 즉, 이 네 가지를 하나의 연속된 교육 활동으로 바라보고 교실 수업에서 통합적으로 운영하는 것입니다.

요즘 학교 현장에서는 재구성한 교육 과정(정해진 교육 과정을 학생들의 수준, 시기 등 상황에 맞게 다시 구성한 것을 말합니다)을 기반으로 학생 배움 중심 수업을 실천하고, 학생의 성장에 초점을 둔 평가를 통해 전인적 성장을 돕기 위해 애쓰고 있습니다.

교육 과정이란 학생이 길러야 할 역량 및 도달해야 할 성취 기준입니다. 학생 배움 중심 수업은 실생활과 밀접한 수업 내용으로 학생의 적극적인 참여를 유도하는 학습자 중심의 수업을 말합니다. 능동적인 배움이 일어나는 수업을 진행하라는 뜻이지요. 그런 수업 뒤에 학생의 평가가 이루어집니다. 성장 중심의 평가입니다. 인지적, 정의적 영역을 고루 살피는 전인적 평가를 해야 하며 과정에 대한 평가를 해야 합니다.

예전에 행해지던 중간고사, 기말고사 등 지필 위주의 시험이 없어지고 학생이 학습 활동을 통해 보여 주는 수행의 과정을 동료, 교사, 학생 스스로가 평가하게 됩니다. 단원평가와 수행평가가 그 예입니다. 저는 1

학년 담임을 하면서 자기평가를 할 수 있는 기회를 자주 주려고 노력하고 있습니다. 평가는 학생의 성장을 돕기 위한 것이므로 피드백이 필요하며 적절한 보상을 하여야 합니다.

그 평가를 기록할 때는 학생의 활동 상황, 활동 내용, 참여도 및 태도, 성취 기준의 도달 정도를 누가 적용합니다. 기록은 수업 활동 내에서 전반적으로 이루어집니다. 초등학교 3학년부터는 이전의 교육 과정에서 갖추어야 할 기초학력을 갖추었는지 알아보는 '기초학력 진단평가'가 이루어지기도 합니다.

지금의 교육 현장은 학생을 배움을 주체로 전환하여, '생각한 것'을 가르치는 게 아니라 '생각하는 것'을 가르칩니다. 학생이 스스로 생각할 수 있도록 하고 학생의 삶과 연계되는 교육 내용을 구성하며 협력적인 수행 과정을 거치게 되지요.

"네 생각은 뭐니?"

자주 이렇게 물어봐 주세요. 또 친구의 이야기를 경청할 수 있는 태도를 가질 수 있도록 도와주세요. 혼자 공부해서 혼자 100점 받는 능력이 아닌 협력적으로 문제를 해결하는 능력을 길러야 합니다. 평가받기 위해 학교생활이나 학습 활동을 하는 것이 아니라 자신의 성장을 위해 스스로 공부할 수 있는 태도를 기르는 것이 무엇보다 중요합니다.

05

세 수의 덧셈, 이렇게 해 보세요!

1학년이 1학년에게 전하는 꿀팁!

세 수 더하기를 잘하려면 두 수 더하기도 잘해야 한다. 두 수를 더해 놓고 그 더한 값에 남은 한 수를 더하면 되는데, 어떻게 보면 두 수 더하기를 두 번 하는 것이다. 중요한 건 집중을 잘해야 된다는 거다. 아무리 공부를 잘하는 사람이라고 해도 누군가와 장난을 치거나 이야기를 하면서 문제를 풀면 답이 틀릴 수 있다. 수학 문제는 대부분 실수해서 틀린다.

이보윤

앞에 두 수를 더하고 적어 놓는다. 그런 다음 남은 한 수와 같이 더하면 된다. 더하는 게 어려우면 세로로 푸는 연습을 많이 하자.

김민주

"오늘은 몇 월 며칠인가요?"

어느 날의 첫째 시간, 칠판에 날짜를 쓰면서 수업을 시작했습니다.

"4월 14일요."

"왜 오늘이 14일인지 생각해 보고 말해 줄래요?"

엉뚱한 질문에 어리둥절하던 아이들이 생각 끝에 답을 합니다.

"숫자가 많아져요. 숫자가 점점 커져요."

하루가 지날수록 날짜가 매일 1씩 커진다는 규칙을 찾아냅니다. 어제가 4월 13일이니까 오늘은 1이 커져서 14일이 된다는 것을 알아냈습니다. 이런 질문에는 아이들이 모두 함께 생각합니다. 날짜는 모두가 관심 있는 일이지요. 수업이 점점 깊이 있게 진행되었습니다.

"오늘이 왜 화요일인지 설명해 줄래요?"

조금 전 경험이 있어서인지 이번에는 금방 답을 알아차립니다. 요일은 '월화수목금토일'이 반복되는 규칙이 있으니까 어제가 월요일이어서 오늘이 화요일이라고 대답합니다. 자연스럽게 수학 시간에 배울 '규칙 찾기'를 배운 것입니다. 규칙을 알아내서 왜 오늘이 화요일인지 설명할 수 있게 되었다는 사실이 아이들을 기쁘게 합니다.

돌멩이로도 수학을 배웁니다. 수학의 첫 단원은 '100까지의 수 알기'입니다. 어떻게 수업을 시작할까 고민하다가 아이들이 운동장에 나가고 싶어 한다는 생각에 다 함께 운동장으로 갔습니다. 수학 시간이 시작되었습니다. 운동장 모래 사이로 자잘한 돌멩이가 보입니다.

"짝과 힘을 합쳐서 돌멩이를 주울 거예요. 다 줍고 나면 친구들에게 90개가 맞는지 빨리 설명할 수 있어야 해요."

금방 다 주웠다고 외치는 팀이 있습니다. 다가가서 물어보았더니 90개가 맞다고 합니다. 어떻게 90개가 맞는지 설명할 수 있느냐 다시 물었더니 하나씩 세어 봅니다. 옆에 있던 친구가 그렇게 해서 언제 90개를 다 세냐고 합니다. 여기저기서 다른 방법들이 나옵니다. 주운 돌멩이가 90개인 것을 빨리 알려면 어떻게 하면 좋을지 의논합니다.

아이들은 자신들이 주워 온 돌멩이 개수가 90개라는 것을 말로 설명하려고 노력합니다. 10개씩 묶어 세는 팀이 보이기 시작합니다. 나뭇가지로 땅바닥에 작은 동그라미를 그리고 돌멩이를 10개씩 넣어서 간편하게 설명하는 팀도 있습니다. 어떤 팀은 5개씩 묶기도 합니다. 옆

팀과 수의 크기를 비교해 보고 자기 팀의 돌 개수를 다양한 방법으로 표현합니다.

"자, 그럼 지금부터 10개를 더 주워 오는 거예요. 그러면 몇 개가 될까요?"

아이들은 돌멩이 100개를 주우며 100까지의 수를 익혔습니다. 10개씩 묶어 세기도 함께 익혔습니다. '열', '스물', '서른', '마흔', '쉰', '예순', '일흔', '여든', '아흔' 등 익숙하지 않은 표현들도 나뭇가지로 운동장 바닥에 여러 번 써 보았습니다. 공부이지만 놀이입니다. 온몸으로 하는 놀이 공부입니다.

아이들은 이렇게 시간 가는 줄 모르고 수학 공부에 몰입했습니다. 교실로 들어오려는데 공부하던 돌멩이들을 갖고 가고 싶어 합니다. 첨성대를 만들겠다, 돌탑을 쌓겠다고 난리입니다. 소쿠리를 구해 와 돌멩이를 담았습니다. 한 아이가 1500개라고 합니다. 대단한 실력입니다.

교실로 들어와 『수학』과 『수학 익힘』의 '100까지의 수 알기' 부분에 나온 다양한 문제를 각자 풀어 보았습니다. 어렵거나 힘들면 친구와 의논해도 된다고 했지요. 아이들은 재미있어하면서 제시된 문제를 척척 해결했습니다.

“맨발로 달리기할 때 위험한 운동장의 돌멩이도 줍고 수학 공부도 했어요. 이럴 때 쓰는 속담을 아는 사람?”

한두 명 알지 않을까 했는데 아무도 모릅니다. 엉뚱한 속담이 오고 가다가 마침내 한 명이 외칩니다.

“꿩 먹고 알 먹고!”

그 말을 들은 다른 아이가 말합니다.

“일석이조!”

아이들은 들어 본 듯하다는 표정입니다.

“그래요, 일석이조. 여러분의 놀이는 공부예요. 그리고 공부는 곧 놀이입니다.”

이렇게 수학 시간이 ‘딩동댕’ 끝났습니다.

교육 상담 조사서 작성, 학부모 상담은 왜 하는 것인가요?

새로운 담임이 되면 학부모 상담 전인 학년 초에 '교육 상담 조사서'를 받게 됩니다. 교육 상담 조사서는 '가정 환경 조사서'라고도 하는데, 아이의 특징, 상황에 대한 소개라고 할 수 있지요. 아직 어린 1학년 아이들은 자신의 특징이나 상황을 교사에게 제대로 말하지 못할 때가 많습니다. 그래서 부모님이 작성한 상담 조사서가 교육 활동에 중요한 역할을 하게 됩니다.

상담 조사서를 작성하실 때는 교사와 아이가 함께 해 나갈 교육 활동을 위해 필요한 정보는 빠뜨리지 않고 써 주세요. 상담 조사서는 아이와 학부모님에 대한 중요한 첫 기억이 될 수 있으니, 가급적 단정한 글씨로 정성껏 써 주시면 더 좋겠지요.

담임 교사는 아이의 성장을 지켜보며 1년을 함께 지내게 됩니다. 가정의 주 양육자인 부모님의 의견과 부모님이 관찰한 사실은 담임 교사에게 아주 중요한 정보입니다. 입학 전 교육 기관에서 경험한 일이나 아이의 특별한 상황을 안다는 것은 아이의 학교생활 적응을 돕는 데 큰 도움이 됩니다.

교사는 아이의 장점을 부각시켜 잘 보여야 할 대상이 아닙니다. 솔직하게 아이에 대해 설명하고 아이가 잘 자랄 수 있도록 함께 힘을 모아야 하는 자녀 교육의 동반자입니다. 아이의 성격이나 상황에 대해 지나치게 완곡하게 혹은 미화해서 표현하는 것은 별로 도움이 되지 않지요. 말할 것도 없지만, 부정적인 시선으로 표현하는 것은 더욱 좋지 않습니다.

한 반을 맡아 가르치는 담임 교사가 되면 이제 그 아이는 '우리 반' 아이, 소중한 나의 제자가 됩니다. 문제가 있다면 함께 풀어야 하고 부족한 점은 함께 채워 가야 합니다. 담임 교사에 대한 신뢰가 자녀 교육의 첫 걸음이 됩니다.

06

일기를 잘 쓰는 나만의 비법 공개!

1학년이 1학년에게 전하는 꿀팁!

일기를 잘 쓰려면 글씨를 잘 써야 된다. 그리고 집중을 하고 일기를 봐야 된다. 일기는 빨리 쓰지 않고 천천히 쓰도록 한다. 말을 나누지 않고 힘들어도 써 본다. 내용은 재미있는 것을 적으면 된다. 김나연

일기를 잘 쓰기 위한 3단계가 있어. 첫째, 주제를 고르는 거야. 일단 어제, 오늘 중에서 특종 사건 한 가지를 고르거나 기억에 뚜렷이 남는 일을 써야 해. 그래야 생생하게 기억해서 쓸 수 있겠지? 둘째, 이제 일기를 쓰는 거야. 셋째, 마무리로 날짜와 틀린 글자가 없는지 확인해. 이제 네 일기는 완벽해. 윤수임

그림일기는 보통 1학년 1학기에 국어 공부의 마지막 단원에서 지도하게 됩니다. 하지만 교사에 따라서 조금 일찍 그림일기를 쓰기도 합니다. 우리 반은 6월 말쯤에 그림일기를 시작하였지요.

천천히 그림일기를 살펴보면 단순한 그림에서도 짧은 몇 줄의 글에서도 그 아이가 보입니다. 혼자만 보기에 아깝습니다. 그래서 그림일기를 교실 바닥에 펴서 전시회를 열었습니다. 아이들에게 별 모양, 하트 모양의 스티커를 다섯 개씩 주고, 펼쳐진 그림일기 중에서 마음에 드는 다섯 작품을 찾아서 붙여 보라고 하였습니다. 그다음 어떤 작품에 스티커를 붙였는지 물었습니다.

“글씨를 정성껏 쓴 일기를 뽑았어요.”

“저는 그림을 가득 차게 그린 일기요.”

“배경도 꼼꼼히 색칠한 거요.”

“말이 되게 쓴 일기요.”

“저는 주인공을 크게 그린 게 좋았어요.”

“재미있는 내용을 쓴 일기가 제일 멋져요.”

“우와! 잘 생각해서 뽑았네요. 지금 이 기준들을 잘 기억해서 오늘 자신의 그림일기를 써 보는 거 어때요?”

제가 그림일기 쓰기 지도를 이렇게 간단하고 재미있게 이야기했지만, 사실 여러 학부모님의 공통된 고민 중 하나가 그림일기입니다. 아이들이 일기장을 펴 놓고 쓸 게 없다고 말하기 때문이지요. 그럴 때는 물어봐 주세요.

"오늘 어떤 일이 있었니? 그중에 어떤 일이 기억나니?"

아이의 이야기를 들으며 글의 주제를 함께 찾아보는 대화가 필요합니다. 우리 반은 기억할 만한 수업 주제를 알림장에 써 줍니다. 쓸 것이 없으면 선생님이 안내한 주제로 쓰면 된다고 알려 주지요. 주제를 정하는 데 도움을 주고 매일 일기를 쓰는 습관을 길러 주기 위한 것입니다.

매일 하는 이 닦기가 특별한 경험이 될 수도 있습니다. 이를 닦는 자기 모습을 자세히 표현하고 가족의 반응을 쓰고 자신의 생각을 쓰면 한 편의 글이 됩니다. 친숙한 일상을 낯설게 보는 연습을 하게 되지요. 많은 예술 작품은 익숙한 것을 낯설게 표현하면서 시작됩니다. 일기는 매일의 평범한 일상에서 하나의 사건을 골라 의미를 붙이는 일입니다.

매일 일기를 쓰는 것은 참으로 중요한 공부입니다. 자신을 돌아보고

반성하는 전통적인 일기의 의미를 말하는 것이 아닙니다. 주제가 있는 한 편의 글을 쓰는 일의 의미에 대해 말하는 것입니다. 그런 일기는 아이 자신의 역사가 되고 추억이 됩니다. 물론 귀찮고 힘들고 꾸준히 쓰기는 더욱 어렵습니다. 하지만 일기쓰기는 어려운 만큼 성장에 크게 도움이 됩니다. 글을 쓰는 능력은 미래를 살아가는 데 꼭 필요한 역량이기도 하지요.

일기쓰기는 때로 치유이기도 합니다. 표현된 아픔은 더 이상 아픔이 아니지요. 내 마음속 복잡한 이야기를 글로 풀어내고 나면 문제가 해결되기도 합니다. 아이들은 1학년을 마칠 때쯤, 일기를 쓰면 마음이 풀린다는 말을 하기도 합니다. 언니랑 싸웠을 때도, 엄마에게 야단을 맞았을 때도, 친구 관계가 힘들 때도 글로 쓰고 나면 기분이 나아지고 위로가 된다고 합니다.

『난중일기』가 있어 우리는 이순신 장군에 대해 더 잘 알 수 있게 되었지요. 이와 같이 일기는 아이가 스스로 쓴 자신의 기록이자 자기표현이 될 것입니다. 자녀가 초등학교에 입학하면 부모님도 함께 자녀 교육 일기를 써 보시는 건 어떨까요? 함께 하면 함께 성장할 수 있습니다.

아이의 문해력은 어떻게 길러 줄 수 있나요?

문해력의 완성은 글쓰기로 이루어집니다. 아이들은 독자가 없는 글을 쓰기 힘들어합니다. 평가를 위해 글을 쓰라고 하는 건 좋은 방법이 아닙니다. 1학년 아이들에게 내년 신입생을 위해 글을 쓰게 하였습니다. 선배의 입장에서 후배들에게 자신의 경험을 바탕으로 하고 싶은 말을 하는 것입니다. 모두가 쓰고 싶어 했습니다. 결과물인 글 역시 훌륭했지요.

문장쓰기, 글쓰기, 책쓰기로 생활 속의 국어 학습을 실천할 수 있습니다. 글쓰기는 다른 많은 공부의 밑거름입니다. 수학도, 사회도, 과학도 글쓰기가 뒷받침되어야 잘할 수 있지요. 글쓰기를 두려워하지 않는 아이로 자라게 도와주세요. 글쓰기가 짐이 아니고 즐거움이 될 수 있도록 일상에서 글을 쓰는 기회를 지혜롭게 만들어 주어야 합니다.

글을 잘 쓰려면 먼저 읽어야 합니다. 내 안을 채워야 생각이 넘칠 수 있기 때문입니다. 책을 읽어도 좋고, 그림이나 방금 내 앞에서 일어난 사건을 읽어도 좋습니다. 때론 풀꽃 한 송이를, 하늘의 구름을 자세히 읽어도 좋습니다. 읽은 것이 눈을 지나서 마음에 담기면 글이 되어 나옵니다. 저는 아이들에게 이런 과정을 매일 맛보게 합니다. 아이들이 글쓰기 공책에 하루를 담으면, 시가 되기도 하고 에세이가 나오기도 하지요.

"국어 시간에는 뭘 배울까요?"

아이들의 답을 기다립니다. 말하기, 듣기, 읽기, 쓰기를 배운다고 간단히 정리됩니다.

"지금 여러분 말할 줄 알잖아요? 자, 이거 읽어 봐요. 읽을 줄도 아는데? 듣는 것도 당연히 되지요. 쓰는 건 어때요?"

"쓸 수 있어요!"

"그런데 왜 더 배울까요? 고등학생이 되어도 국어를 배우는데, 그때는 뭘 배울까요?"

아이들은 생각이 많아집니다. 국어 시간에는 더 잘 말하기 위해, 더 잘 읽기 위해, 더 잘 쓰기 위해, 더 잘 듣기 위해 좋은 방법을 배우고 실제로 체험해 보는 거라고 말해 줍니다.

요즘은 전반적으로 사람들의 문해력이 떨어져서 회사에서는 신입 사원을 재교육하는 고충을 겪고 대학에서는 교수님이 강의하기가 힘들다고 합니다. 고등학교 수학 시간에는 학생들이 문장으로 제시되는 문제를 못 읽어 내서 당황합니다. 역사 선생님은 '삼별초'는 어느 초등학교냐고 묻는 학생 앞에서 난감할 뿐이라고 합니다. 국어 과목을 주요 교과로 12년 내내 배우는데도 말입니다.

첫 단추를 어떻게 끼워야 할까요? 아이는 자신의 삶과 지식이 이어졌을 때 잘 배웁니다. 몰입하는 순간은 아이마다 다르고 상황에 따라 다르지만, 실질적인 자신의 삶과 연결되면 배움의 태도와 깊이가 달라집니다.

우리는 연애편지에서 글자와 글자 사이에 숨은 마음도 읽어 내지요. 간절하기 때문입니다. 하지만 국어 교과서에 있는 글줄을 보고 마음 설레며 읽지는 않습니다. 그래서 저는 자주 아이들과 함께 그림책을 읽습니다. 온전한 한 권의 '책'이어야 합니다. 똑같은 음식도 어떤 접시에 어떤 이유로 담기느냐에 따라 맛과 품격이 달라지기 때문이지요.

그런데 왜 하필 '그림책'일까요? 그림책은 아름다운 이야기를 담고 있습니다. 그림책은 시이자 그림입니다. 그림책은 따뜻하고 짧기도 하지요. 그래서 손쉽게 접할 수 있는 작품이며 내 삶을 비추는 거울이 될 수 있습니다. 부모님이 먼저 그림책과 친해져 보세요. 내 아이의 문해력 기르기, 그림책으로 시작해 보시길 권합니다.

07

바르고 예쁜 글씨 어렵지 않아요!

1학년이 1학년에게 전하는 꿀팁!

글씨를 예쁘게 쓰려면 어떻게 해야 할까? 내 생각에는 연필 상태가 참 중요한 것 같아. 자기 전에 연필을 잊지 말고 꼭 깎아. 다음 날 연필심이 뾰족한 상태여야 반듯하게 잘 써지거든. 연필깎이는 최소한 다섯 번 정도 돌리면 될 거야. 쉽지? 그리고 바르게 쓰는 방법은 선생님이 써서 보여 주시는 걸 열심히 따라 쓰는 거야. 글자가 어느 방에 있는지 자세하게 살펴보고 따라 써 보는 연습을 많이 하면 돼. 자꾸 하다 보면 언젠가는 스스로도 가능하단다. 잘할 수 있겠지? 파이팅! 윤수임

1학년에 입학하면 글을 바르게 읽고 바르게 쓰는 것을 익히게 됩니다. 공책에 또박또박 바르게 쓴 글자는 때로 1학년 학생과 학부모에게 큰 목표가 되기도 하지요. 글자를 바르게 써야 내용을 오해 없이 잘 전달할 수 있습니다. 또 바르고 예쁜 글씨는 보는 사람도 기분 좋아지게 합니다.

보통 바른 글씨쓰기는 반복된 연습이 필요한 일이라고 생각하기 쉽습니다. 하지만 바른 글씨쓰기는 관찰과 이해가 먼저인 탐구 학습에 가깝습니다. 자음과 모음이 어떻게 만나 글자를 이루는지 글자의 짜임을 아는 것이 필수이지요.

바른 글씨쓰기는 보조선이 있는 여덟 칸 또는 열 칸 공책을 준비하여 익히게 되는데, 대부분 많이 써 보는 방법을 씁니다. 하지만 이보다

는 먼저 꼼꼼히 관찰을 해야 합니다. 교과서에는 한 칸을 네 개의 보조칸으로 나누고 그 안에 쓴 글씨가 보기로 제시되어 있습니다.

예를 들어 '강'이라는 글자를 쓴다면 자음 'ㄱ'을 어디서 쓰기 시작하는가 살펴봅니다. 보조칸 1번의 어느 위치에서 출발하여 어디로 가는가 말로 표현해 보고 손가락으로 따라가 봅니다. 글자를 다 쓰고 난 후에는 주변 빈 공간의 비율도 살핍니다. 네 칸의 빈 공간이 비슷한 크기로 남아야 합니다. 빈 공간에 작은 동그라미를 그려 넣어 가늠해 볼 수 있습니다.

글자 모서리가 칸의 가장자리에 맞닿아 있다면 고쳐야 합니다. 천천히 글자 '강'을 살피고 나서 받침이 있는 비슷한 구조의 글자 '산'을 탐구합니다. 공통점이 있습니다. 이렇게 탐구한 내용을 친구들과 이야기 나눕니다. 그 과정에서 자연스럽게 글자를 익히고 따라 말하면서 살펴보게 되지요.

이때 모음자가 자음자보다 길이가 길다든지, 같은 '가'여도 받침이 없는 경우와 받침이 있는 경우의 모양이 다르다든지 하는 것을 발견해 내는 시간을 가집니다. 생각보다 아이들은 흥미로워합니다. 탐구력이 뛰어난 아이들은 아주 재미있어하기도 합니다.

이렇게 서로 의견을 나누고 머리로 충분히 익힌 후 천천히 다시 씁니다. 자신이 쓴 글자를 관찰해 본 후에 또 한 번 씁니다. 바른 글씨 공부를 시작하면 아이들이 자주 하는 말이 "선생님, 몇 번 쓸까요?"입니다.

"엉뚱한 방법으로 100번 쓰는 것보다 바르게 정성껏 한 번 써 보는 게 좋아요."

아무 생각 없이 반복해서 많이 쓰는 연습을 하는 것은 손목도 아프고 힘들기만 합니다. 아직 손목이나 손가락의 힘이 온전히 길러지지 않은 아이들에게 무리하게 되풀이해 쓰게 하는 것은 효율적인 학습 방법이 아닙니다.

이런 점에서 바른 글씨쓰기는 탐구 학습입니다. 관찰하고 말하면서 익히면 재미있는 공부가 될 수 있지요. 조리 있게 말하는 능력도 길러집니다. 많이 쓰게 하지 않으면 아이들은 오히려 쓰고 싶어 합니다. 몇 번 더 쓰고 싶어 하기도 합니다. 놀랍지 않나요?

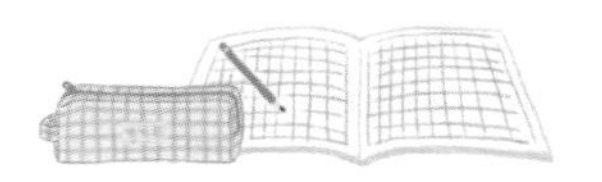

올바른 맞춤법은 어떻게 익히면 좋은가요?

'식물 이름 알기' 학교 대회가 있었습니다. 학교 뜰에서 공부를 많이 하는 우리 반 아이들은 식물 이름을 꾸준히 익혀서 대부분 잘 알고 있습니다. 그런데 식물 이름을 바르게 쓰는 것을 힘들어했습니다. 특히 나무 이름 중에는 어려운 맞춤법이 많이 있지요.

학교 뜰에서 직접 나무를 본 목련, 청단풍, 잣나무, 은목서, 벚나무 등의 정확한 글자를 알고 써야 하는데 걱정이 되었습니다. 그래서 꽃이 핀 목련나무의 사진을 보여 주고 이름을 써 보기로 했지요. 아이들이 사진 자료를 보고 공책에 쓰려는 순간 물었습니다.

"여러분, 친구들이 이 식물의 이름을 어떻게 잘못 쓸까요?"

나와서 칠판에 써 보라고 했더니 목련을 정확히 알고 있는 아이들이 자신 있게 나와서 오답을 씁니다.

"몽년", "목녁", "몽연."

방금 머릿속으로 목련을 이렇게 떠올렸던 아이들의 눈이 휘둥그레집니다. 칠판의 낱말들을 보면서 함께 '목련'이 바른 쓰기인 것을 눈치챕니다. 그리고 공책에 올바른 단어를 씁니다. '청단풍'은 '천당풍', '청당풍', '청담풍', '천단풍' 등의 오답을 확인하고 정확한 이름을 씁니다.

아이가 오답을 쓰고 난 뒤에 틀렸다는 교사의 말을 듣고 맞게 고치는 방법과 비교해 보세요. 단순히 교사가 알려 줘서 알게 되는 것과 친구들과 함께 답을 알아내는 것 중 어떤 방법이 단어를 익히고 더 오래 기억하는 데 도움이 될까요? 스스로 바른 글자를 써 보는 것이 중요합니다. 우리 뇌는 직접 써 본 글자를 더 정확하게 기억하지요.

이런 방법으로 이팝나무, 배롱나무, 무궁화, 봉숭아, 원추리, 개수나무, 느티나무의 바른 표기를 알아낸 아이들은 신나게 공부를 했습니다. 뇌에 정답을 기억하는 기회를 충분히 주는 것이 중요합니다. 틀린 것을 타인으로부터 지적당하지 않고 스스로 생각해서 바른 답을 찾는 것은 기쁜 일입니다. 이렇게 하면 글자를 바르게 익히는 공부도 자존감을 해치지 않고 할 수 있지요.

교과서에 있는 문장을 익힐 때도 마찬가지입니다. 먼저 혼자서 읽고 짝이랑 같이 한 번 더 읽습니다. 안 보고 쓰면 어려워서 틀릴 것 같은 낱말을 동그라미를 쳐 가며 찾아봅니다. 그다음 어떻게 헷갈릴 것 같은지 서로 이야기를 나눠 보는 거예요.

"'눈을 밟으며 걸었다'에서 '밟'자의 받침을 '발'로 쓸 것 같아요."

이렇게 발표한 아이는 실제로 그 문장을 쓸 때 틀리지 않습니다.

'이걸 틀릴 거 같았지만 지금은 바르게 알고 있어. 잘 쓸 수 있다고.'

아이는 이렇게 스스로 뿌듯하게 생각하게 되지요. 문장쓰기를 하기 전에 어려운 글자를 미리 확인해 보는 시간을 가지면 배움의 주체가 아이가 될 수 있습니다.

이 과정에서 스스로 교과서를 꼼꼼하게 읽는 습관도 길러집니다. 바르게 아는 것도 중요하지만 어떻게 알게 되는지도 중요합니다. 훌륭한 삶은 결과가 아니라 과정이지요. 배움의 주체는 부모나 교사가 아니라 아이가 되어야 한다는 점을 꼭 기억해 주세요.

08

준비물을 안 갖고 왔을 때는 이렇게!

1학년이 1학년에게 전하는 꿀팁!

친구가 준비물을 안 가져왔을 때 네가 빌려줘도 되는 상황이면 그래도 돼. 그러면 네가 준비물을 못 갖고 왔을 때 그 친구가 분명 널 도와줄 거야. 저번에 내 친구는 일기장을 다 써서 일기를 쓸 수가 없었어. 그래서 내가 국어 공책에다 쓰라고 했어. 그런 것은 선생님께 물어보지 않아도 돼. 만약에 선생님이 뭐라 하시더라도 네가 정직하게 말하면 잘 대처했다고 오히려 칭찬해 주실 거야. 만약 안 빌려줘도 해결할 수 있을 것 같다 싶으면 알림장을 항상 잘 살펴보라고 말해 주자. 알림장만 잘 신경 써도 준비물을 빠트릴 일은 없을 거야. 잘할 수 있지?

이윤아

"우리 엄마가 안 챙겨 줬어요. 엄마 때문이에요."

1학년 담임을 하다 보면 준비물이 없을 때 당당하게 이런 말을 하는 아이를 종종 만납니다. 자녀가 탬버린, 실내화, 교과서, 일기장 등 준비물을 잊고 갔다면서 헐레벌떡 뛰어오셔서 복도에서 전해 주고 가시는 부모님도 있습니다. 하지만 늘 이렇게 잘 챙겨 주시면 감사하는 아이가 아니라 오히려 부모님 탓을 하는 아이로 자랄 수 있습니다.

미처 준비물을 못 챙겨 온 날 배울 수 있는 것이 따로 있습니다. 준비물을 빠뜨려도 친구의 도움을 받아서 필요한 물건을 같이 사용하거나 선생님의 도움으로 해결할 수 있습니다. 준비물이 없어서 해야 할 공부를 제대로 하지 못해 불편하거나 속상한 경험을 할 수도 있지요. 모두가 특별한 경험이고 좋은 공부입니다.

"크레파스 내가 빌려줄게. 걱정하지 마."

짝이 도움의 손길을 내밉니다. 이렇게 타인의 도움을 통해 서로서로 도우며 살아가는 삶을 배울 수 있습니다. 도움을 받은 아이는 다음에 자신도 다른 친구를 도와주어야겠다는 마음이 생깁니다. 교과서가 없어서 친구랑 같이 보며 불편함을 느꼈다면 다음부터 잘 준비해 오겠지요.

부모님이 모든 것을 도와주어 문제가 일어나는 일을 사전에 막아 주시면, 아이는 문제 상황이 생겼을 때 스스로 알맞은 방법으로 해결하고 깨닫고 익혀 가는 진짜 공부를 경험하지 못하게 됩니다. 물론 날마다 준비물이 없어 학습 활동에 어려움이 있는 경우라면 다른 방법으로 교육적 지도를 해야겠지요.

반대로, 친구가 준비물을 빠뜨리고 왔다면 그에게 빌려줘야 하는 상황인지 스스로 판단하도록 합니다. 아이들은 안 빌려줘도 해결할 수 있다고 생각하면 부드럽게 대안을 제시하기도 합니다. 알림장을 잘 살펴보라는 조언을 해 주는 경우도 있습니다. 알림장만 잘 확인해도 준비물 없이 등교하는 실수를 하지 않을 테니까요.

이렇게 해서 준비물을 빠뜨린 아이도, 다른 친구들도 또 한 번 생각하고 배우는 기회를 갖게 됩니다. 학교는 완성된 인격체가 모여 완벽함을 자랑하는 곳이 아니고, 서로의 실수를 감싸 주며 함께 성장하는 곳임을 잊지 마세요.

다른 학부모들과 네트워크를 만들어야 할까요?

요즘 엄마 친구의 아들, 즉 '엄친아'는 이미 익숙해진 단어이지요. 그런데 엄마의 친구는 여럿이고 그 아들 역시 여럿입니다. 그 여러 명의 장점이 엄마 뇌에서 모여 한 사람이 된 것이 바로 엄친아입니다. 그래서 어떤 아이도 엄친아를 이길 수 없습니다. 이것은 학부모 네트워크가 필요하면서도 조심스러운 이유이기도 합니다.

몇 년 전 1학년 담임을 하면서 우리 반 학부모 워크숍을 시작했습니다. 한 달에 한 번 정도 저녁 시간에 희망하는 부모님을 모시고 학교 상황도 알려 드리고 몇 가지 활동도 함께 했지요. 학급 소식을 자녀를 통해서만 들으시기보다 담임 교사를 통해 더 자세하고 깊이 있게 듣고 싶으실 거라는 생각도 했습니다.

학부모님의 신뢰가 있어야 더 원활하게 학급 운영을 할 수 있으니, 담임 교사는 항상 학부모님과 소통하는 방법에 대해 고민합니다. 워크숍에서 함께 양육의 어려움을 나누고 학급에서 있었던 일을 공유했습니다. 학부모님들은 자녀들이 하는 학습 활동을 짧게 체험해 보시기도 했지요. 자신의 학창시절과는 많이 달라진 공부 방법을 직접 보면 자녀를 이해하는 데 큰 도움이 됩니다.

"친구들이 다 학원 가니까 어쩔 수 없어요. 같이 놀 친구들이 없으니까요. 아파트 놀이터에 나가면 아무도 없습니다."

많은 분이 이런 말씀을 하셨습니다. 하지만 아이에게 또래 친구는 몇 명이면 충분합니다.

"여기 모인 분들끼리 아이들이 함께 놀 수 있도록 하면 어떨까요? 같이 놀 수 있는 시간과 공간을 마련해 주시면 가능할 거 같습니다."

그 이후, 우리 반 학부모님들은 매주 한 번 정해진 시간에 아파트 놀이터에 모이기 시작하셨습니다. 아이들은 자기들끼리 이어달리기도 하고 술래잡기도 하며 즐겁게 놀고, 어른들은 함께 모여 담소를 즐겼지요. 아이들의 동생들까지 함께 놀 수 있어 모두 만족해하셨습니다.

학부모님 간의 네트워크는 꼭 필요합니다. 함께 더 나은 교육 방법을 모색하고 내 자녀에 대해 더 잘 알게 되는 기회를 가질 수 있지요. 단, 그 모임이 내 아이의 성장에 정말 도움이 되는지 잘 판단해야 합니다.

"별아, 달이 엄마가 그러는데 너 오늘 학교에서 선생님께 야단맞았다면서?"

이런 말이 나오면 안 됩니다. 이럴 바에야 차라리 모임이 없을수록 좋겠지요. 모임에서 돌아올 때마다 내 자녀가 초라하게 생각되신다면 그 모임은 가지 마세요. 좋은 부모가 되는 길은 때로 냉정한 판단이 필요합니다.

09

1학년의 만들기 수업을 소개합니다!

1학년이 1학년에게 전하는 꿀팁!

만들기는 재료가 중요하다. 어떤 것을 만들지 생각한다면 아이디어가 떠올라 뿌듯할 거다. 만들기를 할 때는 선생님께서 허락한 재료만 만져야 한다. 장난치다가 재료가 없어지면 큰일이니까 선생님의 안내를 잘 들어야 한다. 어떤 걸 만들지 정했다면 친구를 따라 하지 말고 네가 생각한 특징을 잘 표현하면 성공적일 거다.

김도현

통합 교과『봄』시간에는 봄의 자연물을 이용한 놀이를 합니다. 해마다 봄이면 민들레 피리 만들기를 할 수 있습니다. 민들레꽃은 주변에서 흔히 볼 수 있지요. 민들레 씨앗이 홀씨가 되어 날아간 꽃대를 찾아 5센티미터 정도 자릅니다. 그리고 한쪽을 조금 깨물어 울림판을 만들고 불어 봅니다.

음감이 뛰어난 아이들 몇은 모여서 '도', '미', '솔'의 음을 잡고 노래처럼 불어 보기도 합니다. 입술에서 민들레 꽃대의 떨림을 느껴 보는 건 참 좋습니다. 꽃대의 길이나 굵기에 따라 소리의 높이가 다르거든요.

고마운 마음을 표현하는 국어 공부와『봄』수업을 재구성하여 프로젝트 수업을 진행한 적이 있습니다. 어버이날이 가까운 어느 날, 자신의 모습을 캐릭터로 나타내고 말풍선에 부모님께 드릴 쪽지 편지를 쓰는 꾸미기 작품을 만들기로 하였지요.

저는 주인공인 자신의 모습을 그냥 그리게 할까, 밑그림 본을 줄까 망설였습니다. 그러다가 희망하는 사람만 그림 본을 가지고 가라고 했습니다. 대부분 간편한 밑그림 본을 가지고 갈 것이라 여겼는데 그렇지 않았습니다. 자기 생각이 분명히 있었지요.

아이들마다 자신의 생각대로, 자신의 결정대로 몰입해서 무언가를 만들고 있는 모습은 참 멋졌습니다. 배움은 긴 여행 같은 것이기도 하지요. 머리에서 가슴을 거쳐 발로 가는 긴 여정에 아이들이 적극적으로 참여하는 교실의 모습에 뿌듯했습니다. 완성된 쪽지 편지는 귀한 어버이날 선물이 되었습니다.

교실에 가을이 찾아오면 아이들도 『가을』 공부를 합니다. 색종이로 과일 오리기도 하고 가을 풍경을 그려 보기도 하지요. 하루는 종이접기 공부를 했습니다. 색종이만 주고 교과서의 방법을 보고 스스로 탐구해서 해 보기로 했어요.

조금 어려울 것 같았는데 아이들은 친구와 의논하여 서로 가르쳐 주면서 입체적인 느낌이 나는 감과 도토리를 만들었습니다. 각자 해 보라고 했으면 대부분 포기하고 못했을지도 모릅니다. 교과서의 설명을 함께 읽고 애를 쓰며 해결해 가는 모습이 많이 보였지요.

그날 교실 게시판에는 도토리와 감이 열렸습니다. 아이들은 이런 활동을 통해 생각도 깊어지고 도움을 주고받는 경험도 합니다. 그냥 보면 종이접기 하나였을 뿐이지만 많은 배움이 함께했지요. 종이접기도 친구와 함께 하면 배우는 쪽도 가르쳐 주는 쪽도 성장합니다. 하나를 알려 주면 열을 깨치는 지혜로운 아이들입니다.

아이의 학습 결과물을 보실 때 완성도만 보지 마시고 과정의 의미도 함께 봐 주시면 좋겠습니다. 문구점에서 파는 재료로만 만들기를 할 수 있는 것은 아니라서, 이런 학습은 주변의 자연물이 도구일 때도 많지요. 환경을 생각하고 자연 친화적인 만들기 공부를 할 수 있습니다. 봄이나 가을에 나들이 가실 때 자녀와 함께 해 보시면 어떨까요?

창의력, 사고력을 키워 주려면 어떻게 해야 하나요?

전문적인 언어 지도 프로그램으로 체계적으로 가르치면 말을 잘하게 될까요? 사실 그보다는 자연스러운 일상에서 언어에 노출되는 것이 좋습니다. 부모님이 서로 간에 혹은 다른 이들과 이야기를 나누시는 상황에서 보고 들어야 말을 잘할 수 있지요. 구체적인 삶의 현장에서, 복잡하게 얽힌 관계 속에서 아이는 생각의 힘이 자라고 관계를 맺는 능력도 생겨납니다.

창의력과 사고력을 길러 주는 데에는 특별한 방법이 필요하지 않습니다. 그저 창의적인 삶을 살아 볼 기회를 가지게 해 주면 됩니다. 아이들은 학교에서는 학생이라는 모습으로 살아갑니다. 수업 시간 동안 생각하고, 말을 하고, 글을 씁니다. 몸으로 표현하고 노래도 부르고 그림도 그리지요. 그 과정에서 생각하는 힘이 커지고 자기만의 창의력을 발휘하게 됩니다.

코로나19로 힘든 시간을 보내는 중에 1학년 아이들과 초콜릿 과자 만들기 체험 수업을 하였습니다. 뜨거운 물에서 녹인 초콜릿을 막대 과자에 묻혀 꾸미는 것이었지요. 나무젓가락 두 개를 받침대에 놓고 막대 과자를 적당한 간격으로 그 위에 놓았을 때 한 아이가 말했습니다.

"막대 과자가 '사회적 거리 두기'를 잘 실천하고 있어요. 코로나가 무서운가 봐요."

자신의 일상과 막대 과자의 모습을 잘 연결하였지요. 훌륭한 시 한 편이 탄생하는 순간입니다.

통합 교과 『가을』 수업 시간이었습니다. 다 함께 운동장에서 숨어 있는 가을을 찾기로 했지요.

"매미 소리가 안 들린다."

운동장을 둘러보고 가을을 찾아 온 여덟 살 남자아이의 글입니다. '가을' 하면 쉽게 떠오르는 빨갛고 노란 단풍잎 말고 매미 소리의 부재로 가을이 왔음을 표현한 것입니다. 학교생활에는 글감이 천지입니다. 생각거리가 널려 있습니다.

교실에 벌 한 마리가 나타났을 때였습니다. 아이들은 비명을 지르며 난리가 났습니다. 교실이 벌떼처럼 바빠집니다. 마침내 열어 둔 창문 주위를 빙빙 돌던 벌이 운동장으로 날아갔습니다. 이런 소동은 '얼음 땡 놀이'처럼 아이들을 잠깐 멈추게 합니다.

"이 장면을 글로 써 볼래요?"

"벌이 수학 공부를 하고 싶었나 봐요."

"꽃이 있는 줄 알고 찾아왔던 벌이 시끄러워서 돌아갔어요."

경험과 생각이 글이 됩니다. 무언가를 실제로 경험한 사람만이 할 수 있는 표현은 따로 있습니다. 오감을 살려 줘야 합니다. 아이들을 관념의 세계에서 건져 내어 감각의 세계로 데려와야 합니다. 책을 통해 만난 간접 경험과 생활 속의 경험이 만나면 아이는 자신의 언어로 글을 쓸 수 있습니다.

그저 책상 공부만 하면 창의력이 길러지지 않습니다. 초등학교의 공부는 종이와 책으로 할 수 있는 것이 전부가 아니지요. 이런 점에서 집안일에 아이를 동참하게 하는 것도 좋은 공부입니다. 김치 담그기를 함께 한다면 배추의 결구(잎이 여러 겹으로 겹쳐져 둥글게 속이 차는 상태를 말합니다)를 관찰할 기회를 갖게 됩니다. 빨래를 갠다면 가족들의 옷을 차곡차곡 개어 분류해 보고 느낀 점을 글로 쓸 수도 있겠지요.

이런 경험을 한 아이의 글에는 생생한 표현들이 가득합니다. 뻔한 일상은 없습니다. 우리는 매일을 살아 내고 있습니다. 귀한 체험인 줄 모르고 허덕이며 살기 때문에 보이지 않을 뿐입니다. 잠시 생각을 바꾸면 삶이 풍부해지고 그런 일상에서 창의력과 사고력이 커집니다.

10

꼼꼼하게 색칠하기, 이렇게 하세요!

1학년이 1학년에게 전하는 꿀팁!

색칠을 잘하려면 첫째, 집중해서 색칠한다. 무턱대고 아무 생각 없이 색칠하면 테두리를 벗어나게 된다. 색칠도 집중해야 잘할 수 있다. 둘째, 작은 그림은 사인펜, 큰 그림은 색연필로 칠한다. 작은 그림에 색연필을 쓰면 테두리를 벗어나기 쉬워서 꼼꼼하게 색칠할 수가 없다. 셋째, 살살 색칠한다. 힘을 많이 주면 아무리 색칠을 잘해도 그림이 하나도 안 깔끔하고 더러워 보인다. 힘 조절이 안 되면 먼저 연습 종이에 연습해라.

김민지

통합 교과 『봄』 교과서를 배울 때 하트, 세모, 네모 모양으로 오린 종이에 '나의 학교생활'이라는 주제로 그림을 그린 적이 있습니다. 그 뒤 수업 시간에 그 그림을 활용하기로 했지요. 저는 그림을 내주면서 큰 도화지 한 장을 함께 주었습니다. 어떻게 공부하면 좋을지 생각해 보자고 하면서 말이지요.

아이들은 몇 주 전에 자신이 그린 그림과 새 도화지 한 장을 앞에 두고 고민했습니다. 짝이나 모둠 친구와 의논을 하기도 했습니다.

"그림을 붙이고 배경을 꾸며요."

"그림을 보고 다시 그려 봐요."

"내가 그린 그림을 붙이고 나의 학교생활을 써요."

곧 다양한 의견이 나왔습니다. 지난번에 그린 자기 그림이 마음에 든다는 감상을 밝히는 아이도 있었습니다.

"좋아요. 그럼 그렇게 해 봐요."

아이들은 3주 전쯤 자신들이 그린 그림을 이용해 학교생활을 소개했습니다. 원래 그렸던 작은 그림과

큰 도화지의 바탕을 연결해서 새 그림을 더 그려 넣기도 했습니다. 기대했던 것보다 작품이 너무 멋져서 우리끼리 감상하기에 아까울 정도였지요.

"선생님 손으로 변신!"

자신의 손으로 자신의 머리를 쓰다듬으며 스스로를 칭찬해 주는 아이도 있었습니다.

아이들은 단지 재미있는 시간을 보냈을 뿐인데 그림 감상, 학교생활 돌아보기, 국어 공부, 꾸미기가 어우러진 그야말로 '통합적' 수업이 이루어졌습니다. 그림 그리기를 통해 미술적 기교 외에 더 많은 것을 터득하고 깨우칠 수 있는 것입니다. 부모님이나 교사가 어떻게 이끌어 주느냐에 따라 같은 시간이라도 그 결과값이 크게 달라질 수 있음을 기억해 주세요.

여름방학, 겨울방학은 어떻게 보내야 할까요?

『겨울』 관련 수업에는 겨울을 보내는 동식물에 관해 알아보는 내용이 나옵니다. 겨울방학을 며칠 남겨 둔 날, 저는 목련의 겨울 꽃눈이 붙은 나뭇가지 하나를 구해 왔습니다. 목련의 겨울나기 꽃눈은 꽤 큰 편입니다. 아이들이 돌아가며 꽃눈을 만져 봅니다.

"털옷을 입은 것 같아요."

"감촉이 너무 좋아요."

"색깔도 예뻐요."

"작은 동물 인형 같아요."

"그래요. 우리가 겨울방학을 보낼 동안, 이 꽃눈도 내년 봄을 기다리며 준비를 할 거예요."

꽃눈 속에 무엇이 있을까 아이들이 상상력을 발휘합니다. 꽃이 숨어 있을 거라고 말합니다. 꽃눈의 속을 관찰해 보았지요. 물고기의 비늘처럼 생긴 겉잎을 뗐습니다.

꽃눈 속에 정말 연노란 꽃잎이 들어 있습니다. 맨 안에는 수술과 암술도 있습니다. 생명의 신비 앞에 아이들이 박수를 보냅니다. 지난 가을부터 잎을 떨어뜨린 목련나무는 내년에 피울 꽃을 미리 준비하고 있었습니다.

"여러분, 겨울방학을 알차게 보내지 않으면 내년 봄에 꽃을 피울 수가 없답니다."

아이들은 모두 종이를 꺼내 겨울방학 계획을 세웠습니다. 이보다 더 좋은 공부가 있을까요?

학부모님들은 방학 동안 자녀가 부족한 과목을 보충하고 학습 능력을 키웠으면 하는 마음이 앞서시겠지요. 실제로 학기 때보다 방학 때가 더 바빠서 방학을 싫어하는 학생도 자주 만납니다. 방학은 목련꽃의 겨울나기처럼 준비와 노력이 필요한 시간이 맞습니다. 하지만 동시에 쉼의 시간이기도 합니다.

방학 때 열심히 공부해서 다음 학기를 대비하면 참 좋겠지만, '공식적인 휴가'의 하루하루를 알차고 꼼꼼하게 보내는 것은 사실 어른에게도 어려운 일입니다. 아이가 부모님의 계획대로 움직이다 보면 작심삼일이 되기 쉽지요. 방학은 아이 스스로 선택해서 하루를 관리하는 능력을 길러 줄 좋은 기회입니다.

아이에게 먼저 심심한 시간을 살도록 허락해 주세요. 조금 여유롭게 지낼 수 있도록 도와주세요. 심심하고 여유로운 시간은 낭비하는 시간이 아닙니다. 또 다른 준비입니다. 그런 시간을 살고 나서 시작해도 늦지 않습니다.

부모님과 아이가 함께 방학 계획을 세워 보는 것은 어떨까요? 지속적으로 성실하게 실천할 일상의 공부 습관을 기르고, 학기 중에 시간적 여유가 없어 하지 못했던 여러 가지 활동을 할 수 있으면 좋습니다. 꾸준한 운동, 좋아하는 책 읽기, 자연 친화적인 활동, 가족 여행을 통해 살아 있는 체험을 하는 것도 좋은 공부입니다.

이런 여러 체험이 밑거름이 되어 아이는 다음 학기 공부를 더 잘할 수 있게 됩니다. 자녀가 스스로 선택한 활동과 가족 체험 활동이 조화롭게 잘 이루어지는 방학이 되도록 해 보세요. 아이의 계획 속에 '그냥 쉬기'가 포함되어도 너무 조급해하지 않으셔도 됩니다. 요즘 유행하는 이른바 '멍 때리기'에는 스트레스 해소, 집중력과 창의력 증진 등의 효과가 있다고 하지요. 그만큼 아무 생각 없이 머리를 비우는 것도 중요한 공부입니다.

11

종이를 잘 오리는 방법은 따로 있어요!

1학년이 1학년에게 전하는 꿀팁!

수업 시간에는 종이를 오릴 일이 많다. 선이 있는 그림은 오리기 쉽지만 선도 없고 울퉁불퉁한 그림은 어렵다. 어떻게 해야 할까? 일단 가위를 너무 조금 벌리거나 너무 많이 벌리면 잘못 오리기 쉽다. 반드시 적당하게 벌리고 천천히 오려야 한다. 그리고 왼손은 종이, 오른손은 가위를 들고 왼손으로만 종이를 돌려 가며 오려야 잘된다. 어떤 친구는 가위 쥔 오른손을 돌리며 오리는데 그러면 손목이 많이 돌아가고 삐뚤빼뚤하게 오려진다. 자, 이제 연습해 볼까? 김민주

1학년 여름방학 과제로 빠지지 않는 주제가 '오리기와 붙이기'입니다. 잡지, 신문, 광고지 등에 실린 그림이나 사진 중 자동차, 공룡, 꽃, 배, 신발, 과자처럼 자신이 좋아하는 것을 세심하게 오려서 붙여 보는 활동입니다. 자신이 원하는 자료를 찾아서 반듯하게 오리고 주어진 공간에 잘 배치하는 것은 중요한 공부이지요.

초등학교 수업에서도 프레젠테이션 자료를 만들고 배운 내용을 정리해야 할 때가 많습니다. 이때 오리고 붙이는 능력이 필요합니다. 가위질이 소근육을 발달시켜 뇌 발달에 영향을 준다는 건 널리 알려진 사실입니다. 공부를 잘한다고 여겨지는 아이 중에는 잘 오리고 잘 붙이는 아이가 많습니다. 반면에 읽기, 쓰기, 셈하기 등 기초 학습력이 부족한 아이는 그렇지 못한 경우가 많은 편이지요.

코끼리 그림 한 장씩을 주고 오리기를 해 보면 어떤 아이는 몸통만 남기고 다른 아이는 긴 코를 정확하게 남기며 오립니다. 무엇이 이렇게 큰 차이를 가져올까요? 정교하게 가위질을 하려면 집중력도 있어야 하고 반복해서 익힌 손가락의 유연한 움직임도 필요하지요.

이렇게 별것 아닌 듯 보이는 사소한 능력이 즐거운 학교생활을 할 수 있게 도와줍니다. 이번 주말에 자녀와 함께 광고지를 오리고 붙여서 가족 신문을 만들어 보면 어떨까요? 아이의 감정표현이 부족하다고 느껴지신다면 잡지에서 다양한 사람 얼굴을 오려서 그 사람의 마음에 대해 표현해 보는 활동을 해도 좋겠습니다.

요즘은 교과서에도 사진 자료, 붙임 자료가 아주 풍부합니다. 3월이 지나면 『1학년이 되었어요』로 하는 수업을 마치게 됩니다. 아이들 모두가 가지고 있는 좋은 학습 자료인데 시간이 지나면 버려지지요. 자녀와 함께 그 책에서 적당한 그림 자료를 오려서 공책에 붙이고 글쓰기도 하고 이야기 꾸미기도 해 보세요. 친절하게 만들어진 학습지에 주어진 답을 채워 넣는 공부와는 다른 느낌이 들 것입니다. 창의성은 이렇게 사소한 활동에서 조금씩 자라납니다. 오리고 붙이고 생각하는 공부야말로 능동적 학습자가 되는 길이 아닐까요?

숙제는 어느 정도까지 도와주어야 할까요?

숙제는 교사가 아이에게 주는 과제입니다. 학교 공부와 가정의 삶을 연결하기 위해서 숙제를 내 주는 경우가 있습니다. 부모님이 어떤 일을 하시는지 알아야 '가족'에 관한 수업이 가능할 때면 관련 사전 학습이 필요하지요. 또 감사한 마음으로 부모님께 인사하기를 배웠다면 가정에서 실천해 보아야 합니다.

무언가를 반복해서 익혀야 할 때도 숙제를 내 줍니다. 줄넘기, 소리 내어 책 읽기, 바른 글씨쓰기, 악기 연주 등이 그 예입니다. 학습의 연장선에서 무언가 자신의 힘으로 익히는 활동이 필요할 때도 있습니다. '안전한 등하교 방법'을 익힐 때는 가족과 이야기 나누기, 부모님께 자신이 알고 있는 방법 이야기하기 등을 숙제로 제시합니다.

그런데 아이가 숙제를 어려워하면 보통 아이보다 부모님이 더 걱정을 하십니다. 하지만 그래서는 문제가 해결되지 않지요. 그저 어떻게 도와줄 수 있을까 물어보시면 됩니다. 아이의 공책에 글씨가 엉망이어서 걱정이시라면, 억지로 다시 쓰게 하거나 야단치는 것보다 더 좋은 방법이 있습니다.

아이의 글 중에서 훌륭한 부분을 찾아 함께 감동하면 되는 것입니다. 아이의 허락을 받고 복사하거나 사진으로 찍어 냉장고에 붙여 두고 온 가족이 진심으로 봐 주세요. 아이의 성취에 관심을 보이고 아이의 노고를 알아주는 것입니다. 긍정의 피드백을 받은 아이는 다음에 글을 쓸 때 더 잘 써 봐야지 하고 마음먹게 됩니다.

"학교에서 나쁜 말 쓰면 안 돼. 선생님 말씀 안 들으면 혼나."

아이에게 이렇게 당부하시는 부모님이 많습니다. 이런 말을 들은 아이의 뇌에는 어떤 생각이 새겨질까요?

'엄마 아빠는 내가 나쁜 말을 쓰고 선생님 말을 안 듣는 아이가 될까 봐 걱정하시는구나.'

아이는 부모의 잔소리만큼 자라는 것이 아니고 부모의 기대만큼 자랍니다. 공부 잘하는 자녀, 모범생인 자녀가 아닌 그냥 아들, 딸을 사랑하시는 부모님이 되어 주세요. 다 그런 부모님인 것 같지만 안타깝게도 가끔 아닐 때도 있습니다. 지금의 모습만 보고 실망하거나 칭찬하지 말고 숨어 있는 가능성을 보고 기대를 갖고 응원해 주세요.

숙제에 대한 부모님의 태도는 아이의 노고에 대해 격려와 인정을 해 주는 것이면 좋겠습니다. 숙제를 다 했는지 확인만 하시거나 직접 나서서 대신 해 주시는 것은 곤란합니다. 아이가 숙제를 다 했다고 내민 공책을 건성으로 흘깃 보고 알겠다고만 하시는 것도 안 됩니다.

자녀의 숙제는 한참을 살펴봐 주세요. 아이의 노고에 부모님의 시간이 잠시 머물러야 합니다. 진심 어린 관심이 필요합니다. 아이의 성취 과정에 대해 질문의 방법으로 인정을 해 주시면 더 좋습니다.

"이 생각은 어떻게 하게 된 거야? 이 부분 해결하는 데 힘들지 않았어?"

'아, 우리 엄마 아빠는 내가 노력한 걸 알아주는구나.'

이런 마음이 생긴다면 아이들의 자존감은 쑥쑥 자랍니다.

학부모님과 상담을 하다 보면 대부분 숙제에 대해서 많은 걱정을 하십니다. 그런데 때로는 이런 염려의 진짜 이유를 여쭙고 싶습니다. 아이가 숙제를 안 해서 교사에게 혼날까 봐서인지, 학습에 대한 성실한 태도가 부족해 보여 그 문제를 해결하고 싶어서인지, 혹시라도 부모님의 체면 때문인지요.

숙제 때문에 자녀와의 갈등이 심한 경우, 학생이 숙제를 안 해 오면 숙제를 낸 제가 해결하겠다고 말씀 드릴 때가 있습니다. 아이가 가정에서는 부모님과 행복한 시간을 보내고 마음 편히 자고 일찍 일어나서 기분 좋게 학교에 오게 해 달라고 부탁드리는 것이지요. 숙제를 잘해 오는 것보다 어떤 처지에서 어떻게 바른 공부 습관을 가지게 되는가가 더 중요하니까요. 숙제는 부모님의 몫이 아니고 아이의 몫입니다.

12

나눔 장터를 할 때는 꼭 기억해요!

1학년이 1학년에게 전하는 꿀팁!

일단 내가 팔 물건들을 책상 위에 올려놓아. 그다음 후다닥 교실을 돌면서 사고 싶은 것들을 빨리 눈으로 봐 두면 좋아. 이제 시작하면 재빠르게 하나씩 사면 돼. 다만, 유의할 점이 있어. 친구와 같은 물건을 두고 누가 살지 다툴 수 있다는 거지. 그럴 때는 판매하는 친구의 말을 듣자. 내가 먼저 산다고 말한 게 아니라면 되도록 양보하는 게 좋아. 그리고 내가 파는 물건은 어차피 나한테는 중요하지 않은 것 이잖아? 그러니까 100원이나 200원으로 팔아야 해. 비싸게 팔면 친구들이 안 사 갈 수도 있어. 어때, 재미있겠지? 김도현 통합 교과 『가을』에는 이웃에 대해 배우는 내용이 나옵니다. 이 수업 시간에는 진짜 돈과 진짜 물건으로 나눔 장터를 엽니다. 아이들은 함께 나눌 물건을 미리 준비하고 가격표도 붙여 옵니다. 학용품, 작아서 못 신는 신발이나 양말, 모자 등을 팔지요.

이때 아이들은 가게 주인이 되었다가 손님도 되어 봅니다. 물건을 살 때는 신중해야 함을 배우고 팔 때는 친절해야 함을 배웁니다. 손님으로서 예절을 배우고 가게 주인으로서 받은 돈을 잘 챙겨 보고 셈을 해 보는 공부도 합니다. 진지하고 재미있는 장면이 펼쳐지지요.

나눔 장터가 끝나면 그림도 그리고 글도 씁니다. 아이들의 공부는 세상살이와 연결되어 있습니다. 교과서 안에는 우리의 의식주 생활 모습이 공부로 들어와 있는 것이 많지요.

우리 반은 나눔 장터가 끝나고 장보기 체험 학습을 했습니다. 이 시간은 『안전한 생활』 공부와도 연결됩니다. 각자 몇천 원씩 돈을 준비해 저녁 식사 준비에 필요한 장보기를 하기로 했습니다. 물건을 살 계획을 세우고 가게 주인에게 어떤 인사말을 할지 연습도 미리 했지요.

"우리 가족이 좋아해요. 집에 가지고 가서 할아버지랑 숟가락으로 먹을 거예요."

먹음직스러운 홍시 하나를 산 아이가 말합니다. 들고 다니기가 어려울 것 같아서 비닐봉지를 주었지만, 돌아오는 길에 보니 홍시 주스가 되어 있지 않겠어요? 터져 버린 홍시를 보며 안타까워하던 아이의 표정을 잊을 수가 없습니다. 고구마와 애호박을 하나씩 사서 낑낑대며 들고 오던 아이도 있었지요. 그 모습이 대견했습니다.

"선생님, 돈이 많으면 좋겠어요. 그런데 2000원밖에 없어요. 사고 싶은 과일은 2500원인데요."

장보기 할 돈을 학교에 두고 온 아이, 장바구니를 안 챙겨 온 아이, 물건을 더 사고 싶은데 돈이 없다고 하소연하는 아이도 있었습니다. 장보기를 통해 자본주의 시장경제에서 살아가는 법을 배우고 그 애환도 느껴 본 것이지요.

이뿐만 아니라 아이들은 장보기 체험을 통해 엄마가 얼마나 힘든지, 장 보는 게 얼마나 어려운지 깨달았다고 했습니다. 물건을 들고 오니 힘이 들었고 목이 말라서 참기 어려웠다는 소감을 나누기도 했지요. 이런 생생한 체험은 아이들에게 특별한 경험이 됩니다. 이런 공부는 부모님의 적극적인 협조가 있어야 가능하지요. 늘 응원해 주세요.

나눔장터

체험 학습은 무엇을 하는 시간이며
왜 하는 것인가요?

체험 학습을 통해 아이들은 다양하고 살아 있는 경험을 하고 교실에서 공부한 내용을 일상생활과 연결하는 힘을 가지게 됩니다. 이렇게 교과서 중심의 수업에서 벗어나 능동적인 학습을 할 수 있지요.

아이들은 학교 밖에서 이루어지는 체험 학습을 무척 기다립니다. 동물원, 미술관, 박물관 견학도 하고 근처 공원이나 숲을 찾아가서 계절의 변화를 관찰하기도 합니다. 수영, 스케이트 등의 스포츠 활동도 하게 됩니다. 학교 안에서는 경험하기 어려운 여러 활동을 하고 공동체 규칙과 질서를 지키는 공부도 하지요.

하지만 학교가 체험 학습을 효율적으로 운영하는 데에는 어려움이 따릅니다. 다인수 학급이 함께 움직이며 질 높은 학습을 하기가 녹록지 않지요. 뭔가를 일회성이 아니라 지속적으로 체험할 수 있는 곳을 찾기도 현실적으로 어렵습니다. '온 마을이 한 아이를 키운다'는 말처럼 동네 목공소, 책방, 지역 박물관, 농촌 등으로 체험 학습을 갈 수 있는 날이 오기를 기대해 봅니다.

한편, 지금 당장 시도할 수 있는 방법도 있습니다. 체험 학습에 대한 생각을 조금 바꾸어 보는 것도 좋지요. 먼 곳, 힘든 곳, 많이 기다려야 하는 곳, 비싼 곳이 꼭 의미 있는 체험 학습장은 아닙니다. 이미 우리에게 친근한 곳 중에서 지속적인 관찰이나 체험이 가능하고 이동 시간이나 비용이 비교적 적은 곳을 찾아보면 어떨까요?

여기서 우리 반만의 특별한 체험 학습을 소개해 볼까 합니다.

바로 '옆 반 나들이'입니다. 옆 반에서 준비물이 많은 장난감 만들기를 할 때 우리 반은 그곳으로 견학을 갔습니다. 아이들은 만들기 과정을 유심히 살펴보고 나중에 자신이 그 수업을 할 때 뭘 준비해 와야 할지, 어떤 실수를 줄여야 할지 스스로 알 수 있었지요. 옆 반의 생생한 수업 현장에서 짧은 시간 동안 많은 생각과 배움을 얻었습니다.

간식을 챙겨서 하는 '학교 뜰 나들이'도 있습니다. 아이들은 학교 뒤뜰에 감나무와 호두나무가 있는 것을 처음 알았다고 합니다. 잎 사이로 숨어 있는 호두 열매를 관찰하고, 덜 익은 호두를 잘라 단면을 살펴보고, 호두 껍데기로 그림 그리기도 하였습니다. 교실을 나서기만 해도 신나게 배울 수 있는 것이 많습니다.

또 우리 반은 '비 오는 날 운동장 체험'도 합니다. 비가 많이 내리는 날 우산을 쓰고 운동장으로 나갑니다. 혼자 걷기도 하고 친구와 함께 산책하기도 합니다. 빗소리를 들어 보고 이야기도 나눕니다. 겨우 교실 밖으로 나왔을 뿐인데, 비 내리는 운동장에서 친구와 함께 걸었던 시간을 아이들은 오래도록 기억합니다. 아이들은 뻔한 자연을 새롭게 보는 경험을 하게 되지요.

"물방울이 나뭇잎에 매달려 있는 모습을 자세히 본 것은 태어나고 처음 이었어요. 물방울이 진짜 이렇게 동그랗게 생긴 줄 몰랐어요."

멀고 힘들고 비싼 곳은 자주 갈 수 없지만, 시야를 넓혀 보면 가깝고 돈이 많이 들지 않고 언제고 갈 수 있는 곳이 분명 있을 것입니다. 보호자 동행 체험 학습을 할 때 이런 점을 참고해 보시면 어떨까요?

체크리스트

아이의 새로운 미래와 교육을 위해 나는 얼마나 준비되어 있을까요?

1. 하루에 10분 이상 자녀와 함께 책 읽는 시간이 있나요? ☐
2. 자녀의 학습을 바라볼 때 결과만이 아닌 과정을 살펴보고 격려하나요? ☐
3. 자녀의 자기 결정권을 인정하고 배려하나요? ☐
4. 방과 후 집에서 충분히 쉴 수 있는 시간과 공간이 준비되어 있나요? ☐
5. 자녀에게 문제가 생겼을 때 자신의 감정보다 자녀의 성장에 중점을 두고 해결하나요? ☐
6. 학교 밖에서 다양한 체험의 기회를 꾸준히 주고 있나요? ☐
7. 자녀의 학교생활을 지켜볼 때 행복하고 편안한가요? ☐

1학년의 공부는 배움을 즐기는 태도가 중요합니다. 많은 것을 새롭게 배우고 익히겠지만 그 공부가 짐이 되면 곤란하지요. 방과 후에 가정에서 충분히 휴식하고 부모님의 관심과 배려 속에 편안하게 지내다가 다음 날 기쁜 마음으로 학교에 올 수 있어야 합니다. 학교에 오면 친구들과 함께 지내며 다양한 공부를 하게 됩니다. 글을 읽고 쓰는 것, 기본적인 셈하기 등의 기초학력을 갖추기 위해 많은 학습이 이루어지지만, 1학년에게는 긍정적인 태도로 생활하는 것 자체가 공부입니다. 주어진 과제를 해결하려고 도전하는 태도, 몸과 마음이 건강한 상태, 자연과 주변 상황을 따뜻한 시선으로 잘 관찰하는 일 등이 중요한 과업이지요. 학교생활을 잘한다는 것은 아이가 씩씩하게 잘 생활한다는 것과 같은 뜻입니다. 가정에서도 편안한 마음으로 응원해 주세요.

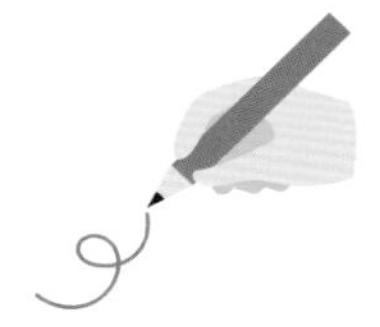

PART 2

서로의 도움으로 나를 찾아가는 길

어떤 습관을 들여야 할까요?

13

1학년이 아침에 등교하면 해야 할 일!

1학년이 1학년에게 전하는 꿀팁!

학교 가는 길로만 가지 다른 길로 가지 않는다. 횡단보도를 건널 때는 초록불일 때만 건너야 한다. 건널 때도 오른쪽, 왼쪽 잘 보고 손을 크게 들고 건넌다. 어린이보호구역은 찻길로 걷지 말고 반드시 인도로 걷는다. 또 지각할 것 같다고 막 뛰지 않는다. 왜냐하면 다른 사람이랑 부딪힐 수 있기 때문이다. 그리고 교문에서는 경찰 아저씨가 들어가라고 손짓하면 들어간다. 중앙 현관까지 걸어가고 교실에 들어가기 전에 반드시 열 체크, 손 소독도 꼼꼼히 한다. 배정훈

아이들은 등교해서 교실로 들어오면 인사를 하고 가방을 정리하고 자기 자리에 앉습니다. 그리고 조용히 책을 읽습니다. 오래전부터 익숙한 아침의 교실 모습입니다. 대부분의 교실이 이렇게 하루를 시작하지요. 그런데 언제부터인가 이 장면이 불편해지기 시작했습니다.

'독서 습관을 위해 책을 읽는 거라면 집에서 읽어도 되지 않나? 등교 시각이 늦은 학생은 교실이 너무 조용해서 들어설 때 어색하지 않을까? 몇 마디 더 인사를 나누고 하루를 시작하는 게 좋지 않을까?'

고전 인문학자 고미숙은 인문학 강의에서, 친구가 있고 함께 도시락을 나눠 먹는 것이 학교의 큰 의미라고 했습니다. 저도 그렇게 생각합니다. 학교에는 친구가 기다리고 있지요. 나는 그에게 친구가 되고, 그는 나에게 친구가 됩니다. 친구와 함께하면 됩니다.

저는 그날 이후 아침 책 읽기를 자유롭게 하기로 했습니다. 우리 반은 친구에게 읽어 주고 싶은 책을 준비해 오기로 했지요. 다른 반보다 조금 이른 시간부터 친구에게 책 읽어 주기가 시작되었습니다.

먼저 자신이 준비해 온 책을 갖고 교실의 빈 공간에 앉습니다. 그러면 그 책이 마음에 들거나 그 아이가 마음에 들어서 친구들이 모입니다. 한 번에 여섯 명 정도의 학생이 교실 여기저기서 책을 읽어 주려고 준비합니다. 많은 학생이 책을 준비해 오기 때문에 책 읽기를 두 차례 진행하며 한 번에 약 5분 정도 걸리도록 합니다.

아이들이 준비해 온 그림책은 대부분 그리 길지 않습니다. 책의 내용이 길 경우는 감동적인 장면만 읽어 주기도 하고 자신이 좋았던 부분만 소개하기도 합니다. 읽어 준 친구와 들은 친구가 잠시 이야기를 나눌 수도 있습니다. 10분이면 열 명이 넘는 학생들이 친구 앞에서 책을 읽어 주는 경험을 할 수 있습니다. 듣는 아이들은 매일 친구로부터 두 권의 책을 소개받게 되지요.

친구와 함께 하는 다른 자유로운 활동으로 아침을 시작하기도 합니다. 올해 우리 반은 아침 시간에 운동장 맨발놀이를 합니다. 줄넘기도 하고 공놀이도 합니다. 옹기종기 모여 앉아 풀꽃을 관찰해도 좋습니다. 교실의 모습이 이렇게 바뀌면 지각생이 없습니다. 아프거나 특별한 사유가 없는 한 늦는 경우는 드물지요. 조금 늦은 아이들은 늦은 대로 하루를 시작하면 됩니다. 모두가 똑같을 수는 없으니까요.

몇 년 전인가 한 학부모님이 이런 말씀을 해 주셨습니다.

"아이에게 우산을 전해 주려고 아침에 학교에 갔어요. 다른 반은 다들 같은 모습으로 조용히 앉아서 책을 읽고 있었는데, 창문 틈으로 본 우리 반은 달랐어요. 삼삼오오 모여서 책을 읽어 주기도 하고 듣기도 하는데, 어떤 아이는 가방을 어깨에 멘 채 다른 아이가 읽어 주는 책을 몰입해서 듣고 있는 거예요. 그때 또 다른 아이는 가방 정리를 하고 있고요. 아! 무질서 속의 질서를 보았어요. 모든 아이가 각자의 모습으로 살아가고 있는 거였어요. 자세히 보니 다들 의미 있는 행동을 하고 있는 거예요."

참 감사한 일입니다. 아직도 교육 현장에서는 '학생 관리'라는 말이 사용됩니다. 하지만 학생은 관리해야 할 대상이 아니라 함께 살아가야 할 사람입니다. 그들이 함께 살아갈 수 있도록 울타리를 만들고 시간과 공간을 안내해 줍시다. 그다음은 아이들이 다 해냅니다.

학교생활에 잘 적응하지 못하는 아이는 어떻게 도와야 하나요?

수영장에서 체험 학습이 있었습니다. 며칠 전부터 집에서 간단히 샤워하는 방법을 과제로 익히고 자신의 물건을 스스로 잘 챙겨 오는 것을 연습하게 했습니다. 여자아이들은 탈의실에서 잠시 도움을 줄 수 있지만 남자아이들은 스스로 해야만 하는 상황이었습니다.

수영장에는 일반 손님들도 있어서 여간 신경 쓰이는 것이 아닙니다. 수영 체험 학습이 마무리될 무렵, 저는 대기실에서 아이들이 나오기를 기다리고 있었습니다. 첫 번째 아이가 걸어 나왔습니다. 수영모, 수영복이 담긴 작은 가방을 들고 뚜벅뚜벅 걸어옵니다. 머리카락은 제대로 물기를 닦지 않아 여전히 젖은 채였습니다. 하지만 얼굴은 큰일을 무사히 해낸 기쁨으로 가득합니다.

"선생님! 옷 갈아입고 왔어요!"

반가운 목소리로 외칩니다. 낯선 환경에서 체험 수업을 무사히 마치고 샤워를 하고 자기 짐을 챙겨서 온 것입니다. 얼마나 긴장되고 두려웠을까요? 그 순간 이런 생각이 들었습니다.

'여덟 살은 여덟 살의 삶의 무게가 있구나.'

두 번째 아이가 같은 모습으로 씩씩하게 다가옵니다. 속옷을 빠뜨리고 나오기도 하고 머리핀 챙기는 걸 잊어버리기도 하지만 아이들은 잘 적응합니다. 적응하는 모습이 다를 뿐이지요. 오랜 세월 1학년 담임을 하다 보니, 아이들은 해마다 제 몫을 다하며 살아간다고 여겨집니다. 어른의 바람에 못 미칠 때도 있지만 다 훌륭하게 해내고 있지요.

가정에서도 신발 정리하기, 나들이 갈 때 준비물 챙기기, 간단한 집안일 돕기 등의 활동에 아이를 소외시키지 말고 적극적으로 기회를 주세요. 아이는 그런 기회를 통해 더 잘 자랄 수 있습니다. 부모님 마음에 안 든다고 쉽게 도와주지 말고 방법을 알려 주고 직접 해 보게 하면, 그 경험에서 얻은 자신감으로 학교생활도 스스로 더 잘 해결해 나갈 수 있을 것입니다.

14

수업 중에 갑자기 화장실에 가고 싶을 때는 이렇게!

1학년이 1학년에게 전하는 꿀팁!

수업 중에 갑자기 화장실 가고 싶어지면 당황스럽겠지? 우리 반 같은 경우 같이 정한 화장실 손동작을 보여 주면 되지만 너희가 만나게 될 선생님이 이런 방법을 할지는 모르겠어. 특별히 방법을 안 알려 주셨다면 이렇게 해 봐. 선생님을 부르지 않고 조용히 손만 번쩍 들어. 그다음 화장실이 급하다고 작은 목소리로 얘기하는 거야. 수업 중이긴 하지만 아마 이해하고 보내 주실 거야. 대신, 너무 급하지 않으면 절대로 뛰지 말고 천천히 걸어가자. 수업 시간에 가게 해 주신 거니까 조용히 화장실 이용만 하고 빨리 돌아와야 돼. 알았지? 우영준 화장실에 가려고 하는 것은 가장 기본적인 인간의 욕구입니다. 그런데 초등학교 1학년 교실에서는 이 문제도 쉽지 않습니다. 원하는 시간에 자유롭게 가도록 허용하면 친구들이 화장실 갈 때 따라 나서는 아이가 많아서 곤란하지요. 그렇다고 너무 강제하면 스트레스가 될 수도 있습니다.

그래서 초등학교에서는 이 문제를 유연하게 해결하려 노력하고 있습니다. 학교에 따라 또는 학급에 따라 규칙은 조금씩 다르지만, 대부분 큰 목소리로 모든 아이가 듣도록 말하기보다는 손을 들고 의사를 표시하거나 교사에게만 살짝 말하고 다녀올 수 있는 방법을 미리 알려 줍니다.

우리 반은 뒷문으로 나가면서 손가락으로 표시를 하면 됩니다. 화장실이 교실과 어느 정도 거리가 있으므로 너무 급해지기 전에 용기 내어 표현을 해야 한다고 가르쳐 주지요.

최근에는 드문 편이지만, 부끄럽다는 이유로 손들거나 말을 하지 못해서 실수하는 아이도 가끔 있습니다. 그럴 경우에는 필요할 때 자기 의견을 좀 더 잘 표현할 수 있도록 자신감을 심어 주고 선생님과 둘만의 약속을 정해 두기도 합니다.

때로 재미있는 활동에 너무 집중하다가 화장실 갈 때를 놓쳐서 갑자기 실수하는 아이도 있습니다. 아직 생리현상 조절이 어려운 아이도 가끔 있지요. 그런 아이는 급하게 화장실을 가면 실수할 수 있으니 미리 갈 수 있도록 별도로 지도를 해야 합니다.

"실수해도 괜찮아요. 그럴 수 있어요."

이제 '오줌싸개'라는 말은 아이들 사이에서 그리 익숙한 표현이 아닙니다. 어떤 꼬리표를 붙이는 것은 그리 바람직하지 않지요. 이런 경험을 통해서도 아이들은 배우고 성장하니까요. 한 번의 실수에 너무 염려하거나 걱정하고 다그치면 오히려 스트레스나 트라우마가 될 수도 있습니다. 실수할 수 있습니다. 그러면서 자랍니다.

자기표현이 서툰 아이는 어떻게 도와야 할까요?

공식적인 언어로 발표를 해야 하거나 자신의 의사를 분명히 밝혀야 하는 상황에서 두려움이 큰 아이가 있습니다. 형제자매나 또래 친구들과 놀이를 할 때는 자기표현을 잘하고 거리낌이 없는데 말입니다. 이럴 경우에는 자기표현은 가능한데 상황에 따라 용기가 부족한 것입니다.

반면에 자유로운 환경에서도 자기표현이 서툰 아이가 있습니다. 대부분의 경우 아이가 명확하게 자기표현을 하기는 어렵습니다. 1학년 아이가 자기표현이 서툰 것은, 정도에 따라 다르지만 보통은 큰 걱정을 할 필요가 없습니다.

자녀의 자기표현에 귀 기울여 들어 주는 것이 중요합니다. 자신이 한 말을 누군가 공감하며 들으면 표현하는 것을 즐기게 됩니다. 차츰 자기 표현력이 높아지겠지요. 자주 물어봐 주세요.

"네 생각은 어때?"

그다음에는 천천히 기다리고 경청해 줍니다. 엄마 바쁘니까 저리 가라고 해 놓고 돌아서서 무언가를 캐묻듯이 말하라고 하면 아이는 두려움이 커지겠지요.

또 평소에 완전한 문장으로 말해 보세요.

"우유? 주스?"

이렇게 묻기보다는 다음과 같이 말하는 것이 좋습니다.

"시원한 우유 한 잔 마실래? 아니면 오렌지 주스 줄까?"

아이 교육을 위해서 특별히 그렇게 하기보다는 완전하고 풍요로운 문장을 말하는 가정 문화를 만든다고 생각해 보시면 어떨까요? 부드럽고 교양 있는 대화 나누기는 누구에게나 필요하고 유용한 능력이니까요.

다림질을 하는데 아이가 다가온다면 "저리 가"라고 하지 말고 더 긴 문장으로 말해 보세요.

"엄마가 지금 뜨거운 다리미로 다림질을 하고 있어. 너무 가까이 오면 위험할 것 같은데 어떻게 하면 좋을까?"

부쩍 쌀쌀해진 날씨에 얇은 옷이 마음에 걸린다면 "추우니까 긴 옷 입자"보다는 이렇게 표현해 보세요.

"오늘은 어제보다 온도가 8도나 낮아져서 훨씬 추워. 따뜻한 옷을 입으면 좋을 것 같은데 너는 어떻게 생각해?"

1학년 교육 과정에는 그림이나 상황을 보고 완전한 문장으로 말하는 공부가 자주 나옵니다. 아이들의 문장은 생각보다 주어와 서술어가 온전하지 않습니다. 그래서 생활 속에서 낱말만 말하지 말고 완전한 문장으로 말하는 모델이 필요하지요. 주변의 어른들이 주고받는 일상의 대화로부터 따라 배우며 언어 능력을 키울 수 있도록 가정에서부터 모범이 되어 주세요.

학교에서도 발표 수업, 책 읽고 자기 생각 말하기 등 자기표현력 향상을 위한 활동을 꾸준히 하고 있으니 크게 염려하지는 않으셔도 됩니다. 다만, 가정에서 자녀가 온전한 문장으로 자신의 생각을 말할 수 있도록 함께 노력해 주시면 더 좋겠지요.

15

복도에서 안전하게 다니는 방법을 익혀요!

1학년이 1학년에게 전하는 꿀팁!

복도에서 안전하게 다니려면 첫째, 뛰어다니면 안 돼. 둘째, 장난치면 안 돼. 셋째, 떠들면 안 돼. 넷째, 안전하게 안 다니면 다칠 수 있어. 그리고 다섯째, 우측으로 다니자. 좌측은 반대쪽 사람이 가야 하니까 꼭 지켜야 해.

김도현

복도에서는 먼저 신발을 똑바로 신어야 해. 그리고 옆에 있는 친구와 장난치면 안 돼. 앞을 보고 엉덩이에 힘을 주면서 가볍게 걸어가야 해. 뛰어다니면 다칠 수도 있으니 조심해!

권혜정

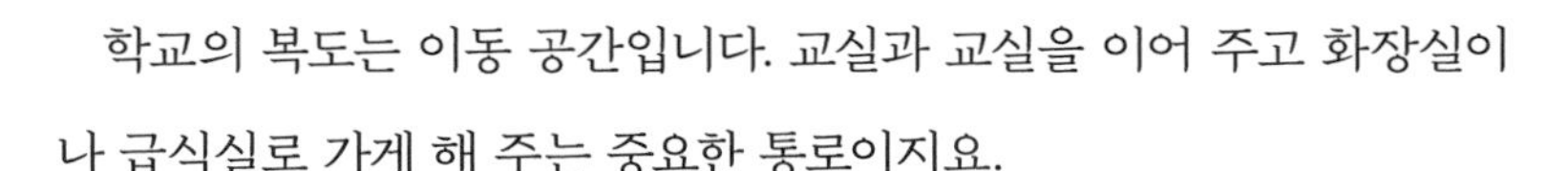

학교의 복도는 이동 공간입니다. 교실과 교실을 이어 주고 화장실이나 급식실로 가게 해 주는 중요한 통로이지요.

“복도에서는 조용히 걸어요. 위험한 장난치지 말아요.”

헤아릴 수 없이 자주 반복해서 부탁하지만 복도에서는 꽤 많은 일들이 벌어집니다. 뛰어가다가 서로 부딪히기도 하고 장난치다가 지나가던 친구와 부딪혀서 큰 사고가 나기도 합니다.

제가 1학년 담임을 할 때의 이야기입니다. 우리 반은 다른 반 복도를 거치지 않고 교실 밖으로 나갈 수 있는 독립된 출입구가 있었습니다. 1학년 교실은 모두 1층이어서 그 문은 학교 뜰과 바로 연결이 되어 있었지요. 화장실을 갈 때만 복도를 통하면 되는 상황이었습니다. 우리 반만의 현관문을 열고 나가면 교실 앞에는 예쁜 화단이 있었으며 앞뜰과 뒤뜰은 흙 마당이었습니다.

등교하면 우리 반 아이들은 뜰로 나갔습니다. 줄넘기도 하고 개미도 관찰하며 놀았습니다. 처음에는 놀이마저도 어려워했지만 차츰 끼리끼리 모여 놀기 시작했고, 놀이 시간이 재미있어서 등교 시각이 빨라졌습니다. 꽤 긴 시간을 매일 도심 속 자연에서 놀았지요.

“복도에서 소리 지르지 마세요. 천천히 걸어 다녀야 해요. 위험한 장난하면 안 돼요.”

제가 이런 말을 할 일이 줄어들었습니다. 충분히 놀고 난 아이들은 다툼이나 뛰어다니는 행동이 줄어들었기 때문입니다. 늦가을이 되자 교실은 더 평화로워졌습니다. 몸은 건강해졌고 마음은 너그러워졌습니다. 작은 규칙도 잘 지켰습니다. 충분히 뛰어놀 수 있는 환경일 때 복도는 천천히 걸어 다닐 수 있게 되지요.

최근에는 공간 혁신을 하여 복도를 아이들의 놀이 공간으로 돌려주는 학교도 꽤 늘어나고 있습니다. 복도 한쪽에 쉼터를 마련해서 책 읽기도 하고 간단한 운동 시설이 있어 뛸 수 있도록 되어 있는 학교도 있지요. 더 많은 학교의 복도가 이동 공간만이 아닌 학생 중심의 공간으로 거듭나면 좋겠습니다.

학예회, 운동회, 학부모 총회, 참관 수업 같은 학교 행사에 꼭 참여해야 하나요?

아이가 학교에 입학하면 학생, 학부모, 교사는 교육의 중요한 세 주체가 됩니다. 이 교육의 주체들이 뜻을 같이하고 소통을 잘해 나가면 교육은 훨씬 효과적입니다. 학교에서는 다양한 방법으로 학부모에게 정보를 공유하고 학부모로부터 도움을 받으려는 노력을 하지요.

학교는 학부모가 참관하는 학예 발표회를 열기도 하고 학부모가 참여하는 운동회를 열기도 합니다. 학부모님이 학교 행사에 적극적으로 동참하면 학교의 상황을 직접 볼 수 있어 자녀의 학교생활을 더 잘 이해할 수 있지요. 특히 공개 수업 참관은 자녀의 학습 활동 모습을 볼 수 있는 좋은 기회가 됩니다. 요즘은 학교 또는 지역 교육청에서 주관하는 양질의 학부모 교육 프로그램들도 많이 있습니다.

바쁜 시간을 쪼개서 행사에 참여하시는 부모님의 모습은 자녀에게 힘이 됩니다. 부모님이 자신의 학교생활에 관심이 많으시다는 것을 행동으로 보여 주는 셈이니까요. 하지만 사정이 허락하지 않는다면, 부모님의 형편을 자녀가 이해하도록 가르치는 일도 필요합니다.

학부모 참관 공개 수업이 있기 전날이면 저는 아이들과 함께 부모님 마음 읽기 공부를 하곤 합니다.

"공개 수업에 못 오시는 엄마 아빠의 마음은 어떨까요? 참가를 못 하셔도 부모님의 간절한 마음만은 아마 교실에 와 계실 거예요. '엄마 아빠,

안 오셔도 씩씩하게 잘할게요. 염려하지 마세요'라고 의젓하게 말씀드릴 수 있지요?"

이렇게 차근차근 설명하면 1학년 아이들도 대부분 상황을 이해하고 수긍합니다.

어떤 선택에도 정답은 없습니다. 상황에 맞게 최선의 선택을 하시면 됩니다. 그런 부모님의 모습을 보면서 아이들의 마음도 함께 자랍니다.

16

책상 서랍 정리는 이렇게 하면 됩니다!

1학년이 1학년에게 전하는 꿀팁!

일단 넣을 것들 모두 책상 위에 올린다. 그중 책들은 서랍 오른편에 넣고 나머지 물건들은 서랍 왼편에 넣는다. 주의할 점은 크기가 큰 것들은 밑에, 작은 것들은 위에 올려서 넣는 것이다. 크기에 상관없이 넣으면 꺼낼 때 매우 불편하기 때문이다. 그리고 잘 안 쓰는 물건까지 굳이 서랍에 넣을 필요는 없다. 서랍이 복잡해지면 나도 모르게 구겨 넣게 된다. 쉬워 보이지만 정리하고 며칠만 지나도 엉망이다. 자주 해 줘야 된다. 부지런히 할 수 있지?

조성민

"떨어진 색연필 주워요."

"발에 밟히기 전에 겉옷 주워서 정리하세요."

교사가 교실에서 하는 말 중에는 정리 정돈에 대한 잔소리가 제일 많은 것 같습니다. '정리 컨설턴트'라는 직업이 생길 정도로 정리는 일상생활에서 중요한 문제이지요. 1학년 담임을 하며 만난 한 아이는 이 문제에 유난히 약했습니다.

색연필 12색, 색사인펜 24색이 모두 교실 바닥에 줄줄 떨어져서 그 아이의 반경 2미터 안에 널브러져 있기 일쑤였습니다. 풀, 가위, 지우개가 칠판 아래쪽까지 와 있기도 했지요. 이렇게 교실 바닥에 그 아이의 학용품이 굴러다니면 미관상 문제도 있지만 안전 문제도 생길 수 있었습니다.

정리 정돈을 두고 그 아이와의 지루한 밀고 당기기가 계속되었지만 해결이 나지 않았습니다. 고민 끝에 저는 내기를 하자고 했습니다. 투명한 플라스틱 통 하나를 가져와 책상 위에 놓아두고, 교실 바닥에 그 아이의 학용품이 떨어져 있으면 제가 아무 말 않고 주워 넣는 것이지요.

그리고 하교 시간까지 통이 텅 비어 있으면 제가 그 아이에게 간식을 주고, 그 안에 학용품이 들어 있으면 그 아이가 제게 간식을 주는 것으로 약속을 했습니다. 이 내기에서 결국 누가 승자가 되었을까요?

내기를 하기로 한 날부터 제가 주변으로 걸어가면 그 아이는 얼른

자신의 주변을 살폈습니다. 떨어진 물건이 있으면 후다닥 주워서 제 자리에 두었지요. 몇 번은 제가 이기고 몇 번은 그 아이가 이겼습니다. 사실 우리의 내기는 그 아이와 저 둘 다 승자가 되는 게임이었습니다. 차츰 그 아이에게 정리 습관이 생기기 시작했으니까요. 아주 조금씩 나아졌지요.

저는 실제적인 방법으로 주의를 환기하는 것이 좋겠다는 생각에서 이런 내기를 했습니다. 물론 이런 방법이 모든 아이에게 효과가 있으리라 장담할 수 없지요. 하지만 그저 타이르고 당부하거나 혼내는 것 말고 아이의 성향을 잘 고려하여 정리 정돈 습관을 키워 주는 방법을 찾을 수 있지 않을까요?

아이가 주의력이 낮고 실수가 잦다면 어떻게 해야 하나요?

주의력이 낮고 실수를 자주 하는 아이들을 살펴보면 지나치게 잘 도와주는 부모님이 곁에 계시는 경우가 많습니다. 부모님이 도움을 주실 때는, 아이들이 주의력을 키울 수 있도록 배려하는 방법을 찾아서 실천하시는 것이 좋겠지요.

아이가 덤벙거리는 일이 잦아서 걱정이신가요? 그렇다면 학교에서 돌아왔을 때 알림장을 보고 숙제나 준비물을 메모해 잘 보이는 곳에 붙여두도록 해 보세요. 이를테면 화이트보드에 해야 할 과제나 챙겨야 할 물건을 스스로 기록하고 체크해 보게 하는 것이지요. 이렇게 구체적인 실천 방식으로 조금씩 실수를 줄이고 확인하는 습관을 익히면 더 잘해 나갈 수 있을 거예요.

그래도 주의력이 부족하다고 여겨지신다면 아이가 자기 역량보다 너무 많은 일정을 소화해야 하는 건 아닌지 검토해 보시길 권합니다. 방과 후 수업, 학원 수업 혹은 공부방까지 들러서 집에 가야 하는 아이들이 있습니다.

어떤 아이는 학교 수업이 채 끝나기도 전에 오늘 가야 할 학원 시간을 몇 번이나 확인하며 제때 갈 수 있을지 걱정하기도 합니다. 서둘러 뛰어나가다가 학원 가방을 교실에 놓고 가는 경우도 많습니다. 자녀의 하루 일과가 지나치게 힘에 부치지 않는지 다시 한번 살펴 주세요.

주의력은 정리 정돈 문제와도 연결되는 경우가 있습니다. 이 문제에도 관심은 가지되 주도권은 아이에게 주어야 합니다. 학교에 입학하면 교과서, 공책, 채색 도구 등 아이가 다루어야 할 물건의 수와 종류가 급격히 늘어납니다. 유치원까지 스스로 물건과 공간을 정리 정돈한 경험이 없다면 갑자기 많은 물건을 다루기란 어렵습니다.

이는 곧 하루아침에 정리를 잘하는 아이가 되기는 어렵다는 이야기이지요. 집에서부터 적은 가짓수의 물건부터 스스로 규칙을 정해 정돈해 보는 연습을 하면 좋습니다. 같은 종류끼리 모으는 간단한 분류 연습을 추천합니다. 교과서는 교과서끼리, 공책은 공책끼리 모으는 것이지요. 작은 공간부터 질서 있게 정돈하는 연습을 하고 자신이 가방을 스스로 챙겨 볼 수 있도록 해야 합니다.

빈 교실 책상 아래에 물병 몇 개가 있고 사물함 위에는 겉옷이 있습니다. 복도에는 신발주머니가 있지요. 아이들이 돌아간 뒤의 교실 풍경은 흔히 이렇습니다. 보통의 아이들은 주의력이 낮고 집중할 수 있는 시간이 짧습니다. 괜찮습니다. 실수해 보고, 힘들어해 보고, 다시 노력하는 과정이 배움의 과정입니다.

17

급식실에서 이런 행동 하면 안 돼요!

1학년이 1학년에게 전하는 꿀팁!

첫째, 수저를 떨어뜨리고 둘째, 좋아하는 음식을 떨어뜨리고, 셋째, 친구가 장난을 치고, 넷째, 식판을 떨어뜨린다. 이 네 가지는 모두 급식실에서 내가 겪은 일이다. 수저는 장난만 안 쳐도 떨어뜨리지 않으니까 잘 들고 있어라. 좋아하는 음식은 더 받으러 가면 된다. 친구의 장난은 주의를 주고 선생님께 얘기한다. 식판을 떨어뜨리면 놀라지 말고 배식 아주머니한테 반납해라.

김민지

"골고루, 알맞게, 감사히, 조용히, 깨끗이!"

우리 반 아이들이 점심을 먹을 때 지켜야 할 약속입니다.

1학년, 3월의 점심시간은 버겁습니다. 아이들은 점심시간이 되면 줄을 서서 급식실로 이동합니다. 코로나19로 개인 수저통을 주머니에 꽂고 식판을 받습니다. 뜨거운 국이 있으면 천천히 걷습니다. 누가 시키지 않아도 그렇게 합니다.

3월 3일 첫 번째 날은 밥을 다 먹고 나서도 다른 친구가 식사를 마칠 때까지 제자리에 앉아서 기다렸다가 함께 모여 교실로 왔습니다. 교실에서 다 같이 가방을 메고 교문까지 함께 가서 인사를 나누고 하교를 했습니다.

두 번째 날입니다. 밥을 다 먹으면 식판을 처리하고 각자 교실로 갑니다. 가방을 챙겨서 개별 하교를 하기도 합니다. 두려울 때는 친구와 함께 가기로 했습니다. 작은 모험입니다. 그리고 교육입니다.

내가 밥을 얼마만큼 먹을 것인가 스스로 결정해야 합니다. 어떤 속도로 먹을 것인가 스스로 생각해야 합니다. 남은 음식을 국그릇에 모읍니다. 벗어 놓은 마스크를 낍니다. 수저통을 집습니다. 식판을 들고 잔반을 버리고 급식실 문을 나섭니다.

'우리 교실은 어느 방향이지?'

아이들은 잘 생각해 보고 마침내 교실로 돌아옵니다.

'이 길이 맞나?'

가방을 메고 교문으로 향하며 또 고민하고 결정합니다.

많은 선생님들이 돌봄과 교육 사이에서 망설입니다. 자칫하면 안전하지 않다고 비난받을지 모릅니다. 그래서 교육보다는 안전한 돌봄을 선택할 때가 많지요. 그 길이 더 쉬울 때도 많습니다. 하지만 아이들은 모험을 시도할 때 자랍니다.

'아! 이제 나는 드디어 초등학교 1학년이다. 더 이상 아기가 아니야.'

이렇게 스스로 뿌듯해합니다.

한두 번은 자세한 안내와 시범이 필요하지만, 그 이후에는 아이 스스로 할 수 있도록 기회를 주어야 합니다. 유치원, 어린이 집 등에서 취학 전 이미 경험을 하기도 했지요. 1학년 교육 과정에서 중요한 성취 기준은 스스로 해 보는 것입니다.

친절한 내비게이션은 모두를 길치로 만들어 버립니다. 스스로 살아내는 것이 먼저입니다. 그래야 아이가 행복합니다. 여덟 살 우리 반 아이들은 이 어려운 과업을 모두 무사히 해냈습니다.

아이의 친구 관계 문제에 어떻게 대처해야 할까요?

부모님께 학교에 다녀오겠다고 인사를 하고 집을 나서면 아이는 독자적인 인생을 살아갑니다. 짝을 만나고 옆 반 아이를 만나고 학원 친구를 만납니다. 누구를 만나서 어떤 선택을 할지 결정하지요. 다가가기도 하고 물러서기도 하고 힘들어하기도 합니다.

조금 전까지 단짝이었던 두 아이가 다시는 안 볼 것처럼 다툽니다. 그런데 오후가 되면 그 둘은 다정하게 어깨동무를 하고 하교합니다. 그들의 세계를 인정하고 지켜보면 됩니다.

그래도 아이의 친구 관계에 대해 걱정이 되시나요?

부모님의 친구 관계를 보여 주시면 됩니다. 이웃집과 잘 지내고 양보하고 나눠 먹는 모습을 보여 주시면 됩니다. 아이들은 엄마 아빠를 따라 배웁니다. 부모님이 보여 주시는 것이 최고의 교육입니다. 부모님이 주변 사람들과 소통하고 관계를 맺는 것을 아이가 볼 수 있는 기회가 얼마나 많은지 생각해 보세요.

담임 교사로서 저는 아이들의 관계를 유심히 살핍니다. 갈등 상황이 생겨도 대부분은 자신들이 해결할 힘을 가지고 있다는 것을 경험으로 알고 있습니다. 그런데 작은 갈등이 큰일이 되어 성장의 전환점이 아닌 상처로 남는 경우가 있습니다. 안타깝게도 부모님의 지나친 개입이 문제가 되기도 합니다.

한 아이가 입학한 지 한참이 지난 5월 20일에 친구와 다투었습니다. 작은 싸움이었는데 어쩌다가 친구의 손에 상처가 나고 말았지요. 아이의 어머니와 상담을 했습니다. 다친 아이에게 사과를 하는 등 문제를 해결할 수 있는 방법을 의논해야 했습니다.

"아이가 학교에 입학해서 5월 19일까지 무사히, 별탈 없이 학교생활을 한 것을 칭찬하지 않으셨다면, 오늘의 다툼도 야단치는 것으로 해결하지 말아 주세요. 입학 후 오늘까지 무사히 학교를 다녔다는 것만으로 감사하고 대단한 일입니다. 그 노력을 인정하고 칭찬해 주세요."

전화를 끊기 전에 이렇게 부탁드렸습니다.

대부분의 학부모님은 아무 일이 일어나지 않으면 자녀에게 아무 칭찬도 하지 않습니다. 하지만 평화로운 일상은 아이 나름대로 꾸준히 노력한 결과입니다. 때론 속상해도 참고 주변 친구를 도와주며 나름대로 최선을 다하며 살아온 것입니다.

그런 수고를 눈여겨 봐 주세요. 오늘 일어난 다툼 하나로 마치 그동안 자녀가 학교생활을 엉망으로 하고 있었던 것처럼 내몰면 안 됩니다. 아이가 자기 삶의 주인이 되어 선택한 작은 만남도 소중히 여기고 격려해 주는 일, 안전한 선택을 하리라 믿고 기다려 주는 일, 친구 관계의 모범을 보이는 일이 양육자인 어른의 몫입니다.

18

쉿!
화장실에서는 꼭 지켜요!

1학년이 1학년에게 전하는 꿀팁!

화장실에 가면 조용히 자기 할 일만 하고 나오면 된다. 복도에서부터 뛰지 말고 화장실에 가서도 될 수 있으면 한마디도 안 하는 게 맞는다고 생각한다.

서강인

화장실은 소리가 조금만 커도 울려서 조용히 이용해야 되는 곳이야. 화장실 주변 복도를 뛴다든가, 안에서 장난을 치면 안 되겠지? 공간이 좁아서 다치기 쉬워. 공공장소니까 손 씻고 비누칠할 때도 물을 꼭 잠가 줘. 마지막으로 화장실이 복잡하다면 차례차례 들어가자.

권혜정

입학 초기 적응 활동 기간인 3월에는 『1학년이 되었어요』를 보며 화장실 사용하기를 익힙니다. 1학년 여자아이들을 데리고 화장실 사용 방법 수업을 할 때였습니다. 줄을 서서 옷을 입은 채로 양변기와 화변기에 차례로 앉아 본 후, 물 내리고 나오는 것을 연습해 보았습니다. 생각보다 많은 아이들이 화변기 앞뒤를 구분하지 못하고 반대쪽을 보고 앉았지요.

'아이쿠, 요즘은 다 양변기라 이런 변기를 안 써 봐서 모르는구나!'

대부분의 경우 1학년 아이들은 교사의 예상보다 더 영리할 때가 많지만, 이런 새로운 경험 앞에서는 영락없이 서툴고 귀여운 어린이의 모습입니다.

한 명 한 명의 수행 모습을 다시 확인해 봅니다. 화장실 사용 시 물을 내리지 않고 그냥 나오는 아이는 꽤 많습니다. 옷 정리에 서툰 일도 자주 있습니다. 속바지 사이에 치맛자락이 끼여 있기도 하고 바지 지퍼를 열고 나오는 아이도 있지요.

코로나19 이후 손 씻기의 중요성이 알려져서 나아지고 있지만, 여전히 손을 씻지 않고 나오는 아이도 많습니다. 손을 씻더라도 물만 대충 묻히고 나오기도 합니다.

오래전 일본에서 자녀를 초등학교에 보낸 지인은, 1학년 아이들이 물컵을 제자리에 두는 공부를 하는 모습을 보고 놀랐다고 합니다.

아이들은 몇 번 설명을 듣고 나서 제대로 할 때까지 연습을 했다고 하지요. 어쩔 수 없이 물을 여러 모금 마셔야 하는 아이들이 있었는데, 그래도 교사는 잘할 때까지 가르치고 학생들은 잘할 때까지 그 동작을 되풀이했답니다.

기본적인 생활 태도를 기르는 건 이렇게 반복해야 합니다. 할 수 있는 척하는 것과 잘할 수 있는 것은 다릅니다.

“여러분, 알겠지요?”

“네!”

1학년 교실에서 이건 아무 소용없는 대화입니다. 입으로, 마음으로 아는 건 진짜 아는 것이 아니니까요. 1학년은 반복해서 가르쳐야 할 때가 많습니다. 쉬운 일이 없습니다. 잘될 때까지 연습해야 합니다.

부모님께서는 이런 반복에 마음이 조급해지실 때도 있을 것입니다. 가르쳐야 할 것이 많고 가야 할 길이 머니까요. 하지만 가정에서의 지나친 보살핌은 오히려 아이에게 해가 됩니다. 스스로 화장실에서 잘 할 수 있도록 도와주세요. 1학년의 교실에서는 바르게 화장실 가는 것도 큰 공부입니다.

어떤 아이가 친구들과 선생님에게 사랑받나요?

어린이날 즈음해서 우리 학교에서는 모범 어린이 표창을 합니다. 우리 반에서도 모범 어린이를 정하기로 했습니다. 어떤 행동이 모범이 되는지를 생각해 보고, 나의 행동을 그 기준에 비추어 돌아보고 모범 어린이를 찾아보기로 했지요.

이런 일은 다소 어렵지만 1학년인 우리 반 아이들에게도 필요한 공부라고 생각되었습니다. 다만, 그 결과로 누군가는 선정되고 누군가는 탈락되는 것은 안타까운 일이지요. 이런 부정적인 면을 최소화할 방법을 고민하면서 활동을 시작하였습니다.

먼저 어떤 행동이 '인사상', '봉사상', '질서상', '절약상', '성실상'에 해당하는지 논의하기로 했습니다. 여덟 살 아이들 사이에 어떤 실천을 할 수 있는지 의견이 오갔습니다. 저는 마인드맵으로 아이들의 의견을 칠판에 정리했습니다.

고운 말을 쓰고, 친구에게 먼저 인사하고, 쓰레기를 줍고, 용돈이나 물건을 아껴 쓰는 것이 상을 받을 만한 행동이라고 하는군요. 내용을 영역별로 나누고, 어떤 이유로 이런 의견을 내었는지 물었습니다. 아이들은 이런 행동을 잘하는 친구들이 부럽고 본받고 싶다고 했지요.

"그래요. 본받으면 좋을 것 같은 행동, 그게 바로 '모범'입니다."

단어의 뜻과 표창을 하는 이유에 대한 설명과 대화가 이어졌습니다.

그 뒤 평소에 지켜본 친구 중에서 '모범적'인 아이를 영역별로 쓰고 추천 이유도 간략하게 쓰게 했습니다. 서른한 명의 추천 용지를 받아서 드디어 우리 반 모범 어린이를 정했습니다. 이렇게 해서 모은 결과를 살펴보니, 아이들의 마음을 볼 수 있었습니다.

스스로 행복해하고, 자기 행동에 당당하고, 공부와 학교생활을 즐기는 아이, 남을 배려하고 사소한 활동에도 정성을 다하는 아이.

1학년인 우리 반 아이들은 이런 친구에게 많은 표를 던졌습니다. 대단한 판단력이라 여겨지지 않나요? 가끔은 저의 눈에 모범적인 아이가 몇 표 못 받는 경우도 있었습니다. 이유를 곰곰이 생각하니, 저에 비해 아이들은 모범생의 요소로 '스스로 행복해하는 것'을 훨씬 더 중요하게 여기는 듯했지요.

아이들은 자신들이 정한 결과에 만족하는 것 같았고 앞으로는 스스로 모범이 되는 행동을 많이 해야겠다고 다짐했습니다. 아이 한 명이 친구 다섯 명씩을 추천했기에 모두가 몇 표는 다 받아서 저는 마음을 놓았습니다.

친구들과 교사에게 사랑받는 아이가 되는 것은 어렵지 않습니다. 우등생이거나 부유한 집안의 자녀이거나 뛰어난 외모의 아이가 아니어도 되지요. 그저 '모범 어린이'가 되면, 즉 남을 배려하고 성실하고 행복하게 생활하면 모두가 자연스럽게 그 아이를 좋아할 것입니다.

19

수업 중에 코피가 나면 당황하지 말고 이렇게!

1학년이 1학년에게 전하는 꿀팁!

수업 중에 코피가 나면 당황하지 말자. 일단 피가 별로 안 나면 그냥 혼자 해결해도 좋아. 하지만 심하다면 선생님께 말씀드리는 게 좋겠지. 그러면 선생님이 도와주시거나 보건실에 가 보라고 하실 거야. 어쨌든 코피는 멈출 수 있게 돼. 코피는 그 이후도 상당히 중요하단다. 코피가 멈췄다고 생각해서 휴지나 솜을 일찍 빼면 갑자기 다시 피가 나올 수도 있어. 내 자리로 돌아왔는데 또 피가 흐르면 난감하겠지? 그러니 피가 완전히 멎을 때까지 기다리는 게 좋아. 대충 10~15분 지나면 확실하게 피가 멎는 것 같더라. 김정원 코피가 나면 대부분의 아이들은 당황합니다. 당사자인 아이보다 주변의 아이들이 더 놀랄 때도 많습니다. 차분한 목소리로 대응하지 않으면 교실이 소란스러워지지요. 코피가 난 아이는 그 소란스러움에 자신에게 큰일이 난 줄 알고 더 놀라기도 합니다. 따라서 교실에서 재빨리 응급 처치를 하고 보건실에서 더 안전하게 도움을 받도록 합니다.

"코피가 나면 어떻게 할까요?"

이 질문에 대한 아이들의 대답은 우리 어른들 예상보다 깊습니다. 갑작스러운 상황에서도 자신에게 벌어진 일을 침착하게 잘 처리하려는 의지가 묻어나지요. 아이들은 학교라는 공간에서 자신의 삶을 스스로 해결하며 살아가기 위해 작은 방법들을 익혀 나갑니다.

보건 선생님이 코피를 멈추도록 막아 주는 솜을 언제 빼느냐도 아이들에게는 문제입니다. 잘 생각을 해 보아야 알 수 있지요. 이렇게 아이들은 작은 것 하나도 생각하고 판단합니다. 그리고 행동하게 됩니다. 이런 아이들의 일상을 자주 칭찬해 주고 격려해 주는 것이 부모님과 교사의 몫이겠지요.

교실에서는 특별히 부딪히거나 넘어져서 코피가 나는 경우는 많지 않습니다. 대부분 아이들은 조용히 있다가 코피를 흘리지요. 그럴 때마다 아이들의 건강을 위해 학교가 더 큰 역할을 해야 한다는 생각이 듭니다.

영양 섭취가 풍부해지고 아이들의 체격이 좋아졌습니다. 예전에 비해서 키가 크고 발육이 잘되는 아이들을 많이 만납니다. 그런데 체격만큼 체력이 따라 주지 않고, 특히나 면역력 관련 질환은 나날이 늘어나고 있습니다.

아토피로 밤새 잠을 제대로 못 자고 등교하는 아이도 있고, 환절기마다 비염으로 고생하는 아이도 있습니다. 면역력을 길러 주려면 자연을 가까이 하며 자연 친화적인 활동을 많이 하는 것이 좋습니다.

인생을 살아가는 데 기초가 되는 역량 중 하나가 바로 건강입니다. 가정에서 충분한 수면, 알맞은 운동, 균형 잡힌 식사처럼 건강을 위한 기본적인 수칙을 잘 지켜 주세요. 온 가족이 함께 운동을 하거나 밤에 일찍 잠자리에 드는 가정 문화를 만들어 실천하시면 더 좋겠지요.

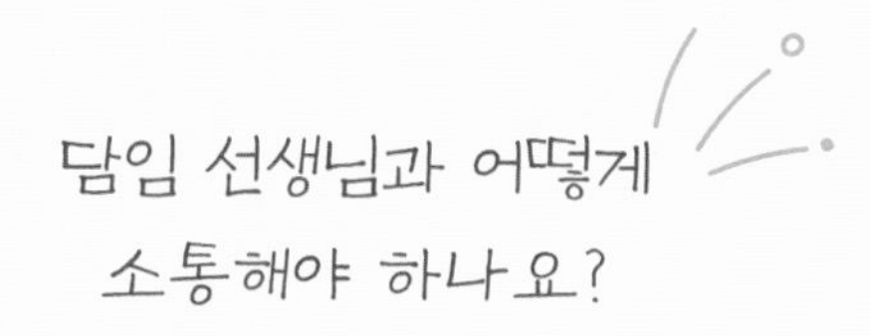

지금처럼 학교 방문에 복잡한 절차가 없던 오래전, 학부모님 중에는 저를 피하시는 분들이 있었습니다. 이를테면, 갑자기 비가 내려 학교에 오신다면 저와 마주치지 않으려고 아이에게 우산만 살짝 전해 주고 가시는 식이었지요. 복도에서 자녀의 친구 편에 우산을 전하거나 교문에서 우산을 들고 기다리기도 하셨습니다.

'내가 뭐 어쩐다고 저러실까? 그냥 가볍게 인사만 하셔도 될 텐데, 그것도 불편하신가 보다.'

이해가 잘 되지 않았습니다.

시간이 지나 첫아이가 학교에 입학하면서 저도 학부모가 되었습니다. 그때서야 학부모님들의 마음이 이해되기 시작했지요. 첫아이의 입학은 부모를 설레게 하지만 두려움과 걱정도 함께 느끼게 합니다. 왜인지 모르겠지만 저도 아이의 담임 선생님은 어렵고 조심스러웠습니다.

이제 세월이 많이 흘렀습니다. 학교의 수업 체계도 문화도 많이 바뀌었지요. 그런 요즘에도 담임 교사와 학부모 사이의 적절한 소통은 여전히 필요합니다. 3월에 학부모 상담 주간이 있지만, 짧은 상담 시간에 충분한 소통을 하기에는 한계가 있습니다.

특히 요즘은 코로나19로 인해 대면 상담이 어려워지면서 전화 상담을 주로 합니다. 하지만 전화로는 교사도 학부모도 깊이 있는 이야기를 나누기 힘듭니다. 혹 지금 교사와 소통하는 방법을 고민하시는 학부모님이 계신다면, 간단한 비대면 방식을 하나 소개해 드릴까 합니다.

편지로 소통의 문을 두드려 보시는 건 어떨까요? 저는 몇 해 전부터 학부모님으로부터 상담 편지를 받습니다. '상담 편지'라고 이름 붙였지만 그냥 편지입니다. 짧은 메모도 좋고 이메일도 가능합니다. 편지 한 통으로 얼굴도 보기 전에 이미 학부모님과의 관계가 튼튼하게 맺어지는 경우도 꽤 많았습니다.

초등학교 입학 전 자녀의 생활을 써 주신 학부모님의 편지는 아이를 이해하는 데 좋은 자료가 되었습니다. 성격적인 특징과 즐겨 하는 활동을 자세히 알 수 있어 좋았지요. 편지를 읽으면서 모두가 귀한 자녀임을 되새기고 우리 반 아이들을 더 소중한 존재로 여기게 되었습니다.

어렵고 조심스러울지 몰라도, 담임 교사와의 소통이 아이에 대한 중요한 정보를 나누는 첫걸음이 아닐까요? 용기를 내어 시작해 보세요. 글은 말보다 힘이 셉니다. 편지 한 통이면 충분할 수 있습니다.

20

우리 선생님을 화나게 하는 방법!

1학년이 1학년에게 전하는 꿀팁!

첫째, 화장실에서 장난을 친다. 우리 반에서는 화장실에서 조용히 하기가 제일 안 지켜지는데 너무 시끄럽다. 이 행동을 좋아하는 선생님은 없을 것이다. 둘째, 친구한테 나쁜 말을 한다. 선생님께서 그냥 넘어가시지 않을 거다. 셋째, 수업 중에 집중 안 하고 쓸데없는 행동한다. 학생다운 행동을 안 하면 뭐라 하시겠지? 넷째, 선생님과의 약속을 어긴다. 선생님께 많이 혼나면 다음에는 안 그러겠다는 약속을 할 것이다. 그 약속을 어기면 당연히 화를 내실 거다. 김민규

1학년을 맡은 교사에게 제일 힘든 것 중 하나는 아이들의 질문입니다. 질문은 좋은 것이지요. 살아 있는 수업은 적극적인 질문을 하고 소통을 해야 가능합니다. 그런데 때로 이런 질문 때문에 힘이 듭니다. 가끔 진이 빠지기도 하지요.

서른 명 안팎의 아이들을 데리고 있는 교실은 종일 분주합니다. 1학년 교실에서는 끊이지 않고 교사를 찾는 소리가 들립니다. 기쁠 때도 슬플 때도, 나비가 한 마리 날아와도, 눈에 보이지 않을 정도로 살짝 긁혀도 교사를 부르지요.

하루에 몇 번이나 간이 철렁합니다. 애타게 부르는 소리에 놀라서 달려가면 개미 한 마리가 기어가고 있습니다. 개미가 아주 예쁘다고 합니다. 이곳이 1학년 교실이지요. 그래서 의미 있는 말은 많이 하고 그렇지 않는 말은 덜 하게 하는 지혜로운 방법이 필요합니다.

"선생님, 밥 먹을까요?"

"선생님, 집에 갈까요?"

"선생님, 이제 뭐 할까요?"

이렇게 항상 교사를 찾는 아이들의 태도를 잘 들여다보면, 책임지는 것을 어려워하고 두려워하는 마음이 있습니다. 가정의 과잉보호로 삶의 주체가 되지 못하는 경우도 있지요. 아이가 삶의 주인이 되게 지금부터 도와주어야 합니다.

"선생님, 끝까지 써야 해요?"

"선생님, 병뚜껑이 왜 안 열려요?"

"선생님, 바탕색 꼭 칠해야 해요?"

이런 질문은 어려운 것이 아니지만 바로 답해 주지 않습니다.

"별이는 어떻게 생각해요?"

"다시 한번 생각해 볼래요?"

"친구와 의논해 보는 건 어떨까요?"

이렇게 아이에게 되묻습니다. 아이가 문제를 스스로 해결하도록 기회를 주는 것입니다.

"선생님이 무엇을 도와줄까요?"

"스스로 연구해 보세요."

"친구에게 친절하게 대답해 줘서 고마워요."

교사가 이런 말을 자주 쓰면 쓸수록 아이들이 "선생님!"을 외치는 횟수는 줄어들고 교사와 학생들의 관계, 학생들 서로 간의 관계가 좋아집니다. 아이들이 자기 삶의 주인이 되어 갑니다.

"선생님, 어떻게 먹어요?"

"글쎄, 어떻게 먹으면 좋을까요?"

급식의 후식으로 나온 부채꼴 모양의 수박 앞에서 고민이 많습니다.

수박 물을 줄줄 흘리며 손톱으로 수박씨를 빼내는 아이, 수박을 베어 먹고 씨를 뱉어 내려는데 잘 안되는 아이, 과육과 씨를 같이 뱉는 아이, 수박을 씨앗 채 먹는 아이, 못 먹고 울고 있는 아이 등 가지각색 다양한 모습입니다.

우리는 어떤 선생이어야 하고 어떤 부모여야 하는지 다시 생각해 봅니다. 수박을 정육면체로 예쁘게 잘라 포크로 집기만 하면 먹을 수 있도록 해 주는 것이 꼭 좋은 일일까요?

아이들에게 바로 답을 주지 말고 생각할 기회, 해결해 볼 기회를 주는 것이 중요합니다. 하지만 사실 쉽지는 않아서, 저도 불쑥불쑥 답을 알려 주고 맙니다. 그래서 누군가의 선생님이 된다는 건 참 어렵습니다. 누군가의 부모님이 된다는 건 더 어렵겠지요?

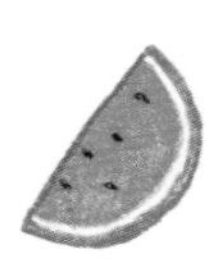

아이가 학교에서 차별을 당하는 일은 없을까요?

아이가 학교에서 차별을 당할까 봐 걱정하시는 부모님을 볼 때면 교사인 저는 마음이 무거워지곤 합니다. 하지만 기억해 주세요. 민들레와 코스모스, 국화꽃과 해바라기가 다른 것처럼 아이들은 모두 다릅니다. 같은 행동에 대해 어떤 아이는 꾸중으로 대해야 하고 어떤 아이는 격려로 대해야 할 때가 있지요. 이것은 편애가 아닌 다름에 대한 배려입니다.

빵 다섯 개가 있습니다. 빵을 싫어하는 아이, 배고픈 아이, 배 아픈 아이, 배부른 아이, 빵을 아주 좋아하는 아이 등 다섯 명이 앞에 앉아 있습니다. 이때 빵을 각각 한 개씩 나누어 주어야 할까요? 그것은 공평할지는 몰라도 공정한 일은 아닐 수 있습니다.

다름에 대한 배려도 이와 마찬가지입니다. 차별이 아닌 차이, 공평이 아닌 공정을 고려한 경우가 많지요. 교사의 행동이 다름을 인정하는 데서 비롯된 것은 아닌지, 공정을 생각한 데서 말미암은 것은 아닌지, 따뜻한 시선으로 지켜봐 주시면 좋겠습니다.

보통의 경우 대부분의 교사는 아이 한 명 한 명을 공평하게 대하려고 애씁니다. 물론 교사도 사람이기에 실수를 할 수도 있지만, 차별로 아이에게 상처 주지 않으려고 매 순간 노력하며 살아가지요.

실제로 아이가 학교에서 차별이라고 느껴지는 상황에 노출될 수는 있습니다. 칭찬과 격려의 횟수가 모두 같을 수는 없으니까요. 때론 억울하게 여겨지는 일, 부당하게 생각되는 일을 직면하는 것이 현실이지요. 그 현실적인 경험을 통해 아이들은 진정으로 성장합니다.

한 종류의 나무가 가득하면 온전한 의미의 숲이 아닙니다. 세상에는 참나무도 있고 소나무도 있지요. 교사의 일은 학교라는 숲에 싹튼 다양한 나무를 제 모습으로 건강하고 튼튼하게 키워 내는 것입니다. 잘 자란 한 그루의 참나무, 잘 자란 한 그루의 소나무, 그런 서로 다른 여러 나무가 함께 만나야 진정한 숲을 이룹니다.

21

먹기 싫은 급식 앞에서 슬기롭게 대처하는 법!

1학년이 1학년에게 전하는 꿀팁!

먹기 싫은 나물, 채소, 매운 음식 등 이런 것들이 나오면 어떻게 하면 좋을까? 내가 해결하는 방법을 알려 줄게. 먼저 물통을 챙겨 가서, 싫어하는 음식을 입에 넣고 어느 정도 씹다가 바로 물을 마셔. 물이 없으면 어떡하냐고? 그러면 밥을 입에 많이 넣어. 밥 때문에 반찬이 묻혀서 좀 낫더라. 그리고 싫어하는 음식 먹는다고 고생하고 있는데 장난치는 친구, 떠드는 친구, 책상을 치는 친구가 보이면 괜히 거슬리더라. 그럴 땐 그냥 눈 감고 먹어.

박혜민

1학년 아이들이 쓴 글을 읽어 보면 싫어하는 음식 처리 질문에 대한 답이 가장 많습니다. 그만큼 아이들이 이 문제를 현실적이고도 진지하게 받아들인다는 뜻이겠지요. 아이들이 자기만의 방법을 가지고 나름의 위기를 넘기는 모습은 무척 귀엽고 대견합니다.

"좋은 생각을 하면서 먹는다."

"싫어하는 음식을 먼저 먹는다."

"싫어하는 음식을 맨 마지막에 먹는다."

다양한 의견이 쏟아집니다. 전략이 제법 창의적이기도 합니다. 이렇게 매일 한 끼의 밥을 학교에서 친구들과 먹는 것은 어렵지만 도전할 가치가 있는 일입니다.

고학년 담임을 하면서 아이들을 살펴보면 밥 먹는 태도가 교과 성적과 비례할 때가 많았습니다. 교실에서 수업 태도가 좋은 아이들이 급식실 태도도 좋은 경우가 많았다는 뜻입니다. 이런 아이들은 적절한 양을 예의 바른 모습으로 맛있게, 친구들의 속도에 상관없이 끝까지 의연하게 먹지요.

물론 모두가 점심식사를 같은 양으로 다 같이 맛있게 먹을 수는 없는 일입니다. 당당하게 조금만 먹겠다고 혹은 조금 더 먹겠다고 자신

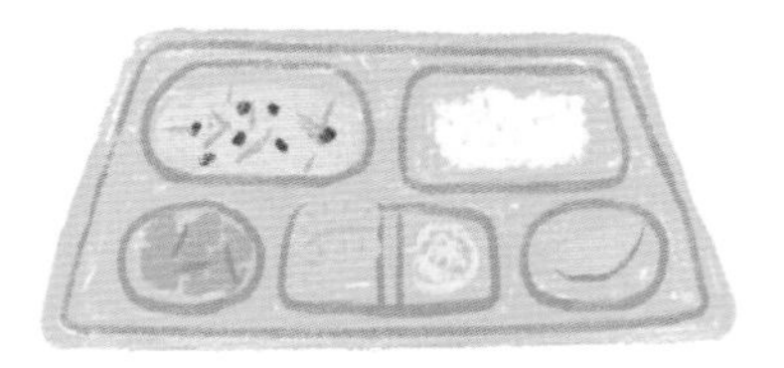

의 의견을 밝히면 됩니다. 감사한 마음으로 자기가 먹을 알맞은 양의 밥과 반찬을 가늠하는 것은 기본적인 식사 예절입니다. 이런 능력은 그 어떤 역량보다 잘 갖추어져 있어야 한다고 생각합니다.

가정에서 아이들이 골고루 잘 먹게 하기 위해서는 식사 준비에 아이들을 참여시키는 방법이 있습니다. 장보기와 재료 다듬기, 메뉴 정하기를 함께 하면 좋습니다. 부모님의 일을 도와드리는 경험을 할 수 있고, 요리 과정을 보며 새로운 체험을 할 수도 있지요. 또한 자신의 정성이 들어가면 더 맛있게 편식하지 않고 먹을 수 있을 것입니다.

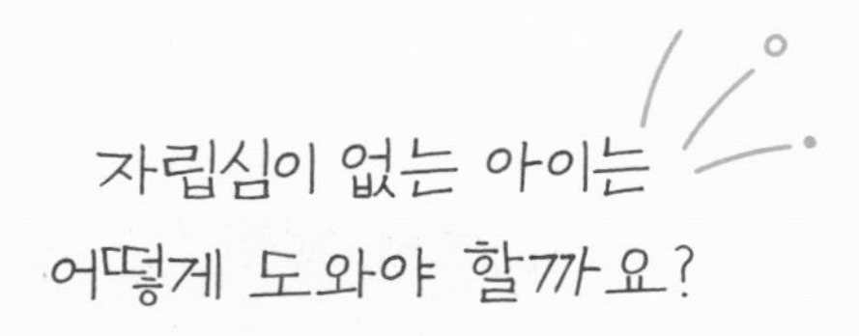

자립심이 없는 아이는 어떻게 도와야 할까요?

"색종이 안 갖고 왔나요?"

"아이참, 우리 엄마가 안 넣어 줬어요."

그런데 하교 준비를 하다 보니 가방 앞주머니에서 색종이가 나옵니다. 어머니가 넣어 주셨지만 아이가 그걸 찾지 못한 것입니다. 분명 어머니는 넣어 둔 곳을 일러 주셨을 테지만 아이는 기억조차 못 했습니다. 이런 일이 1학년 교실에서는 자주 벌어집니다.

아이가 학교에서 돌아와 가방을 던져 놓고 놀면, 어머니가 아이 가방을 열어 알림장을 확인하고 준비물을 챙겨 주시는 경우가 많습니다. 아이는 자기 일이 아닌 양 딴청을 피웁니다. 이것은 안타깝게도 아이를 무능하게 만드는 지름길입니다.

학교생활의 주체는 학생입니다. 아무리 자녀의 공부에 대해 궁금하고 걱정이 돼도 아이 스스로 할 수 있도록 기다려 주어야 합니다. 때로는 해 주는 것이 사랑이지만, 때로는 해 주고 싶어도 꼭 참고 기다리는 것이 더 위대한 사랑입니다.

아이의 자기 결정권을 빼앗으면 안 됩니다. 자녀를 사랑하고 아낀다고 주인인 아이의 허락도 없이 가방을 먼저 열어 보지 마세요.

"엄마, 내일 크레파스가 필요해요. 꼭 사 주세요."

아이가 알림장을 열고 이렇게 부탁하기 전에 먼저 나서지 말고 기다려 주세요. 내일 교실로 등교할 1학년 학생은 부모님이 아니고 자녀입니다.

"선생님, 우리 아이는 그러면 내일 그냥 학교 갈지도 몰라요."

네, 그렇지요. 그럴지도 모릅니다. 그래도 기다려 주셔야 합니다. 삶의 주도권을, 학교생활의 주도권을 아이가 잡을 수 있도록 배려해 주어야 합니다. 학교에서는 실제로 그런 변화를 자주 만납니다.

"선생님, 저 이제 달리기 잘해요."

한 아이가 며칠째 이어달리기를 연습하고 하루가 다르게 실력이 늘었습니다. 이때 진짜 저를 기쁘게 한 것은 달리기 실력보다 마음가짐이 더 좋아졌다는 사실이었습니다. 처음부터 그러지 않았습니다. 친구보다 못한다고 의기소침해 있고 투덜대고 친구 탓, 선생님 탓을 하기도 했습니다. 그래도 다시 다독여 보고, 기회를 주고, 그리고 기다렸습니다.

"잘해 볼 거야. 나도 잘할 수 있어!"

시간을 주자 그 아이가 이런 마음을 갖게 되었던 것입니다.

아이가 처음부터 가방을 열어서 내일 준비물을 알아서 챙기고 숙제를 스스로 하기는 어려울 수 있습니다. 그래서 기다림이 필요합니다. 한 걸음 옆에서, 한 걸음 뒤에서 언제라도 도움을 줄 수 있는 넉넉함으로 기다리면 됩니다.

22

선생님께 칭찬받는 법, 어렵지 않아요!

1학년이 1학년에게 전하는 꿀팁!

선생님께 칭찬받으려면 수업 중에 조용히 하고 선생님 말씀을 잘 들어야 한다. 학교에서는 내가 할 일이 주어지는데 그때만큼은 장난치지 말고 그 일에 집중해야 한다. 할 일을 잘 마무리하면 무조건 칭찬받을 수 있지만 장난치고 떠들면서 할 일을 안 하면 혼만 나게 된다. 또 인사를 잘하면 칭찬받을 수 있다. 인사하는 학생을 싫어하는 선생님은 없다. 언제나 밝고 명랑하게 인사를 하면 쉽게 칭찬을 받을 수 있다.

김찬우

"선생님 말씀 잘 듣고 친구들과 사이좋게 지내."

등교하는 아이에게 부모님이 흔히 건네는 인사말입니다. 이제는 다른 부탁이 필요합니다.

"친구 이야기를 잘 듣고 필요할 때는 네 의견을 잘 말하렴."

교실에서는 교사의 설명이 적을수록 좋은 수업이라고 합니다. 아이들이 스스로 생각하고 말하고 서로 배우는 것이 미래 지향적인 교실의 모습입니다. 교사의 이야기를 잘 기억했다가 잘 표현하면 되는 공부는 이제 그만해야 합니다.

교육 공학자 이혜정 교수는 『서울대에서는 누가 A+를 받는가』에서 여전히 학교 수업이 교사 중심으로 돌아간다는 사실에 대해 우려를 나타냈습니다. 지금 우리 아이들은 교사의 입만 쳐다보며 지시에 잘 따르면 100점을 받고 미래가 보장되는 세상을 살아가지 않을 것입니다.

물론 학교에서 아이들은 교사와 잘 소통해야 합니다. 이제는 그만큼 중요한 것이 한 가지 더 있는데, 바로 교실의 또 다른 주체인 친구와 원활하게 소통하는 일입니다.

"선생님이 너 발표 몇 번 하게 해 주셨어? 선생님이 너 칭찬해 줘서 기쁘구나."

자녀와 학교생활에 대한 대화를 하실 때 주어가 주로 '선생님'이라면 다시 생각해 보셔야 합니다. 학교생활에서는 친구와 함께 배우는 방법을 익히는 것이 중요합니다. 묻고 답하는 관계, 이야기하고 듣는 관계는 사소한 일상에서 배우는 것이 좋습니다.

"수학책 30쪽 펴세요."

제가 말합니다. 그러면 금방 이런 질문이 들려옵니다.

"선생님, 몇 쪽 펴요?"

이 질문이 한 번의 답으로 끝이 날까요? 아닙니다. 과장해서 표현하면 수십 번 답해야 하지요. 협력 수업이 가능하려면 이런 상황에서 다른 질문이 필요합니다. 그 아이에게 네 질문으로 우리가 다 같이 공부하고 싶다고 먼저 양해를 구합니다.

이제 그 질문에 대해 아이들이 어떤 생각을 하는지 이야기를 나눕니다. 그러면 사실은 자기도 몇 쪽을 펴야 하는지 몰랐다, 여전히 몇 쪽을 펴야 하는지 모르겠다, 그 질문이 수업에 방해가 된다 등 다양한 의견이 나옵니다.

"좋아요. 수업에 방해되지 않게 수학 공부에 참여하려면 어떻게 하면 된다고 생각해요?"

"짝이나 다른 친구에게 작은 목소리로 물어보면 돼요!"

"그럼 질문을 받은 아이는 어떻게 해야 할까요?"

"친절하게 가르쳐 줘요!"

정말 훌륭한 의견입니다. 하지만 여기서 멈추면 안 됩니다. 알맞은 목소리의 크기를 찾아내고 친구에게 물어보는 연습을 해야 하지요. 내 짝만 들릴 만큼 작은 목소리로 물으면 짝도 그만큼 작은 목소리로

답합니다. 이렇게 알맞은 목소리, 알맞은 표정을 익힙니다.

이 활동은 국어 공부의 말하기, 듣기 수업이 됩니다. 나눔과 친절의 경험도 되지요. 이런 연습을 해야 알고 있는 것을 몸으로 실천할 수 있습니다. 지우개가 없을 때, 국어책을 안 가져왔을 때, 모르는 문제가 있을 때 등 주변 친구의 도움은 늘 필요합니다.

아이들은 도움을 주고받는 법을 배우려고 학교에 옵니다. 모르는 것을 용기 있게 묻고 친구의 질문에 친절하게 답하는 교실에서 우리는 함께 배우고 함께 성장합니다. 칭찬받는 아이가 되는 것은 어렵지 않습니다. 용기 있게 묻고 친절하게 대답하면 교실에 가득한 '또래 선생님'인 친구들의 칭찬을 받게 됩니다.

어떻게 칭찬해야 좋은 칭찬이 될까요?

"칭찬은 고래도 춤추게 한다."

이 말이 맞을 때가 많습니다. 맞습니다. 하지만 칭찬은 때로 평가일 수 있습니다. '잘했어', '멋져', '최고야' 같은 말은 칭찬처럼 보이지만 기대와 욕심이 함께하는 판단일 수 있지요. 이런 평가보다 더 나은 방법으로 격려하는 법을 익히고 실천해 보시면 어떨까요?

첫째, 말없이 도닥여 주는 방법입니다. 아무 말 하지 않고 그냥 따뜻한 시선으로 보는 것입니다. 때론 언어보다 비언어적인 표현이 강력한 힘을 가집니다. 눈을 마주치며 미소를 보여 주세요. 잘못된 칭찬의 말로 부담을 주는 것보다 훨씬 좋은 방법일 수 있습니다.

둘째, 본 것을 그대로 말하는 방법입니다. "하늘을 잘 그렸구나"보다는 "하늘을 파랑으로 그렸구나", "그림에 보라색을 많이 사용했구나"라고 말해 보세요. 아이는 부모님이 자신이 그린 파란 하늘을 인정해 준다고 생각할 것입니다.

셋째, 본 것에 대해 질문을 하는 방법입니다. "파란색을 좋아하니? 왜 하늘을 파란색으로 그렸을까?", "발가락 그리는 방법을 어떻게 생각해 내었니?" 등의 질문을 하는 것입니다. 질문은 관심이 있어야 할 수 있습니다. 부모님의 생각이 아니라 자녀의 생각에 초점을 맞춰야 합니다. 그래야 칭찬입니다.

칭찬은 가끔 부작용이 있습니다. 하지만 격려는 부작용이 없지요.

"우리 딸 100점 받아서 엄마는 기뻐."

엄마의 속마음은 단순하게 격려하고 인정하는 것이지만, 자녀는 이런 칭찬을 듣고 '다음에 100점을 못 받으면 엄마가 실망할 텐데 어쩌지' 하는 걱정과 두려움을 느끼기도 합니다. '엄마는 100점 받는 나를 좋아하는구나' 하고 착각하기도 하지요.

"엄마, 나 오늘 수학 100점 받았어."

"그래? 그럼 국어는?"

"국어도 100점 받았어."

"너희 반 아이들 몇 명이나 100점 받았어?"

이 우스개 이야기는 유명합니다. 자녀의 성취를 다른 사람과 비교하고 인정하는 것은 참된 의미의 칭찬이 될 수 없습니다. 결과가 아닌 과정에 대한 관심과 격려, 그 아이의 어제와 오늘을 보고 성장하고 있음을 인정해 주는 칭찬이 필요합니다.

23

지각하는 1학년 후배에게 하고 싶은 충고!

1학년이 1학년에게 전하는 꿀팁!

얘들아, 유치원 때까지는 지각해도 괜찮은데 학교 다닐 때는 지각하면 진짜 안 좋아. 어엿한 학생이면 규칙을 잘 지키는 어린이가 되어야지. 지각하면 운동장에서 노는 시간도 줄어들고 엄마나 선생님한테 좋게 보일 리 없단다. 지각 안 하기는 진짜 별거 없어. 일찍 자고 일찍 일어나면 돼. 그리고 아침에 빨리빨리 행동하는 거야. 스스로 하면 더 좋겠지? 잘하고 있는 너의 모습에 엄마는 기뻐하고 선생님도 흐뭇해하실 거야.

윤수임

아침에 일찍 학교에 등교하면 친구들과 여유 있게 인사를 나눌 수 있고 가방을 천천히 정리할 수 있지요. 또 첫 수업 시간이 시작되기 전에 하는 아침 활동은 재미있는 것이 많은데, 그런 활동에 더 적극적으로 참여할 수 있습니다. 몸과 마음을 풀고 공부를 시작하면 더 잘할 수 있습니다.

우리 반은 이어달리기를 통해 즐겁고 의미 있는 아침 시간을 보내고 있지요. 0교시에 달리기를 하면 운동장을 독차지할 수 있어 좋습니다. 우리 반은 팀을 정하고 이어달리기를 합니다.

어느 날, 한 팀의 아이가 늦게 등교하는 바람에 다른 아이가 두 번 달려야 하는 일이 생겼습니다. 대타로 나선 아이는 자기 팀이 너무 큰 차이로 지고 있으니 어차피 승부는 정해졌다면서 거의 걷는 것처럼 달리고 있었지요. 아이들이 항의를 하고 시끄러워졌습니다.

우리는 운동장에 모여 생각해 보기로 했습니다. 달리기 실력이 금방 좋아질 수는 없으니까 현재 실력으로 더 잘할 수 있는 방법을 찾아보았지요. 트랙에서 벗어나지 않도록 하며 달려야 한다는 것을 알려주고 배턴 주고받는 법도 연습했습니다.

지켜야 할 규칙, 같은 팀에 대한 예의에 대해서도 의견을 나누었습니다. 어떤 마음으로 경기에 참가할 것인지, 같은 팀 동료에게 어떤 자세를 가질 것인지, 다른 팀에게 어떤 태도를 보일 것인지 함께 생각했지요. 이때 제가 물었습니다.

"왜 이어달리기를 할까요? 이어달리기를 하면 어떤 점이 좋은가요?"

건강이 좋아진다, 달리기 실력이 는다, 협동심이 생긴다, 친구를 이해하게 된다, 체력이 향상된다 등 다양한 의견이 나왔습니다.

"좋아요. 그럼 지금 당장 어떤 점이 좋은지도 생각해 볼까요?"

"재미있어요!"

아이들이 한목소리로 외칩니다.

"그래요. 좋은 점이 많기도 하면서 재미있으니까 하는 거예요. 그런데 나만 재미있지 말고 우리 반 친구들이 모두 재미있으려면 어떻게 해야 할까요?"

짝과 이야기도 나누고 모두 함께 답을 찾아봅니다. 팀 친구에게 섭섭하게 했던 아이들은 사과해야 한다는 의견이 나왔습니다. 팀원들을 위해 늦지 않게 와야 된다는 이야기도 나왔지요.

"이어달리기를 즐겁게 하려면 사소한 규칙도 잘 지켜야 해요. 우리 모두가 약속한 일이니까요!"

우리는 이렇게 또 한 걸음 배웁니다.

학교에 가기 싫어할 때에는 어떻게 해야 하나요?

첫 번째 방법입니다.

아이가 학교에 가기 싫어할수록 일찍 등교할 수 있도록 배려해 주세요. 가능하면 온 가족이 일찍 자고 일찍 일어나야 합니다. 가정에서 아침 시간을 행복하게 보낼 수 있도록 합니다. 늦잠을 자고, 부모님께 야단맞으며 일어나고, 겨우 눈을 뜨고, 힘들게 등교 준비를 하면 학교에 오기 싫어집니다. 일찍 일어나서 상쾌한 아침을 맞이하고 부모님과 함께 행복한 아침식사를 하고 등교할 수 있는 가정 환경을 만드는 것이 중요합니다.

다른 친구들보다 조금 일찍 학교에 올 수 있으면 더 좋습니다. 늦게 학교에 오면 대부분의 아이들이 아침 활동을 이미 시작한 후입니다. 그 분위기에 뒷문을 열고 교실로 들어서는 것은 두려울 수 있습니다. 지각은 아니지만, 이미 모여 있는 아이들 사이를 지나 혼자 교실로 들어오는 것이 소극적인 아이에게는 부담이 될 수 있지요.

조금 일찍 오면 자신이 교실의 주인이라는 느낌을 좀 더 쉽게 가질 수 있습니다. 선생님의 관심을 받기도 쉽고 먼저 등교한 친구들과 인사를 나누기도 쉽거든요. 교실에서 당당하고 편안한 마음이 들도록 자녀의 등교 시각에 마음을 써 주세요.

두 번째 방법입니다.

숙제나 준비물을 미리 준비해 둘 수 있도록 도와주세요. 숙제는 스스로 해야 하는 경우가 많지만 부모님의 적절한 도움이 필요합니다. 아이들은 숙제를 해 놓지 않아서 학교에 가기 싫다고 할 때도 있습니다. 친구가 괴롭힌다고 하기도 하고 배가 아프다고 하기도 하지요. 하지만 아이들과 깊이 이야기를 나누다 보면 진짜 이유가 숙제 때문에 걱정이 되어서일 때도 있습니다.

세 번째 방법입니다.

특히 아이가 학교생활을 어려워하고 친구 관계가 원만하지 않을 때 권해 드리는 방법이지요. 하교 시간에 부모님이 학교를 깜짝 방문하시는 것입니다. 사전에 담임 교사와 의논하고 교실에 찾아오셔도 좋습니다.

아이의 삶의 공간에서 아이와 함께 대화를 나누는 것은 좋은 추억이 됩니다. 아이가 하루의 많은 시간을 머무는 교실과 학교, 매일 만나는 선생님과 친구들, 자신만의 작은 노력으로 애써 만들어 낸 학습 결과물에 관심을 갖는 것입니다.

교실과 복도에 전시된 자녀의 작품을 들여다보고 마주치는 자녀의 친구에게도 먼저 인사를 건네 보세요. 학교에서 정한 공개 수업이나 교육 과정 설명회 때의 방문과는 느낌이 다를 것입니다.

'부모님 직장 방문하기'를 통해 아이들이 부모님을 이해하는 프로그램이 있는 것처럼, '자녀 학교 깜짝 방문하기'를 시도해 아이에게 마음의 응원을 보내 보시는 것은 어떨까요?

일상에서 특별한 일이 일어나는 것은 행복입니다. 아이는 학교를 찾아온 엄마 아빠의 손을 잡고 분식집에서 함께 먹은 떡볶이의 맛을 오랫동안 기억할 것입니다.

체크리스트

나는 좋은 생활 습관을 만들어 주는 부모일까요?

1. 일찍 자고 일찍 일어나는 습관을 가질 수 있는 집안 분위기인가요? □
2. 자기 물건 정리 정돈을 할 수 있도록 기회를 주나요? □
3. 화장실 사용, 손 씻기 등을 스스로 잘할 수 있도록 기회를 주나요? □
4. 식사 시간이 비교적 일정하며 식사 준비를 자녀가 함께 하나요? □
5. 일상적인 잔소리를 하는 시간 말고 자녀와 함께 대화를 나누는 시간이 충분한가요? □
6. 자녀를 가족 구성원으로 존중하며 집안일을 하는 역할을 주나요? □
7. 가족이 함께하는 운동 시간이 있나요? □

자녀의 사소한 생활 습관은 많은 것에 큰 영향을 미칩니다. "우리 아이는 공부는 잘하는데 밥을 잘 안 먹어요. 혼자서 화장실 가는 것을 두려워해요." 그렇다면 공부를 잘한다고 말하기 어렵습니다. 일찍 자고 기분 좋게 일찍 일어나서 알맞은 양의 아침밥을 먹고 씩씩하게 학교에 오는 것, 학교에 와서는 자기 물건을 책임지고 정리하며 다른 사람의 물건을 귀하게 여기는 것, 이러한 기본적인 생활 태도를 잘 갖추고 학교생활을 하는 것이 공부를 잘하는 것입니다. 평일에는 온 가족이 밤늦게까지 텔레비전을 시청하고 주말에는 무리하게 여행을 해서 아이가 아침에 피곤해서 못 일어나는 경우도 종종 있습니다. 아이와 함께 가족 모두가 규칙적이고 건강하게 생활하는 일이 1학년 자녀를 둔 가정에서는 아주 중요합니다. 1학년 학생에게 알맞은 가정 문화를 만들기 위해 함께 노력해 주세요.

PART 3

내 마음이 꼼지락꼼지락

친구와 어떻게 지내야 할까요?

24

친구와 사이좋게 지내기, 생각보다 쉬워요!

1학년이 1학년에게 전하는 꿀팁!

누구나 친구랑 놀다가 잘못을 하면 사과한다. 하지만 사과를 받아 주지 않을 수도 있어서 좋게 사과하는 것이 필요하다. 사과할 땐 배와 허리를 90도로 숙이거나 반드시 고개를 숙여서 또박또박 "미.안.해"라고 말해야 한다. 그냥 말로만 대충 미안하다고 하면 그 친구가 화가 안 풀릴 수 있기 때문이다. 그리고 내가 뭐 잘못했는지도 말해야 한다. "밀어서 미안해. 괜찮아?", "네 물건을 망가트려서 미안해. 실수였어. 다음부터 조심할게" 등 진심으로 말해야 한다. 이렇게 사과해도 안 되면 선생님께 도움을 요청한다. 난 이런 사과를 해서 안 받아준 친구는 없었던 것 같다.

신우상

오래전 만난 한 아이는 여덟 살이라고 믿기지 않았습니다. 그 아이의 짝은 개구쟁이 남자아이였지요. 하루는 수업이 시작되었는데 짝이 교과서를 못 펴고 있었습니다.

"수학책 가지고 왔지?"

그 아이는 다정하고 작은 목소리로 물었습니다. 짝의 책상 서랍 속을 함께 찾으며 책 꺼내는 것을 도와주었지요. 그렇게 작은 도움을 꾸준히 주었습니다.

그 아이가 어떤 개구쟁이 친구와 짝이 되어도 잘 지내는 것이 신기해서 유심히 살펴보았습니다. 그러다가 저와 그 아이가 둘이 있는 시간에 물어보았지요.

"네 짝이 심한 장난을 칠 때 힘들지 않니?"

"선생님, 제 짝궁 재미있는 이야기로 웃길 때도 있고 좋아요."

뜻밖에 그 아이는 짝의 좋은 점을 먼저 이야기하는 거예요.

그 아이의 시선은 자주 '긍정'에 머물러 있었습니다. 새로운 짝을 정할 때마다 우리 반 남자아이 모두가 그 아이와 앉고 싶어 했지요. 그 아이는 그리 눈에 띄는 외모를 가지고 있거나 특별히 공부를 잘하는 편이 아니었지만, 모두가 그 아이의 진짜 매력을 알고 있었던 겁니다.

어떤 일이 벌어졌을 때 긍정적인 사람은 방법을 찾고 부정적인 사람은 핑계를 찾는다고 합니다. 그 아이는 늘 방법을 찾아냈습니다. 친구와 사이좋게 지내려면 긍정의 마음이 제일 중요하지요. 긍정적인 마음으로 자신과 친구와 세상을 보는 눈을 가지면 좋겠습니다.

사실 그렇게 하는 일은 그리 쉽지 않지요. 하지만 긍정의 언어를 자주 말하는 것이 첫출발이 될 수 있습니다. 한편, 친구와 사이좋게 지내는 방법을 찾는 일을 아이들에게만 맡겨 둘 수는 없습니다. 수업 시간의 다양한 활동을 통해 조금씩 알려 줄 수 있지요.

이를 위해 '장점 사기 놀이'를 해 보는 것도 좋은 방법입니다. 창의적 체험 활동 자율 영역의 수업 시간에 이 놀이를 할 수 있습니다. 먼저 예쁜 모양의 포스트잇에 자신의 장점을 씁니다.

"동생과 잘 놀아 준다."

"어른들께 공손하게 이야기한다."

"친구의 이야기를 잘 듣는다."

"인사를 잘한다."

이런 장점을 쓴 포스트잇을 양쪽 팔이나 옷에 붙입니다. 짝과 도움을 주고받으며 등에 붙여도 재미있습니다. 이제 교실 여기저기를 다니면서 친구의 장점 중에 자신에게 꼭 필요한 습관이 있으면 삽니다. 그 장점이 필요한 이유를 잘 설명하는 것이 값을 지불하는 일이 됩니다.

"나는 부끄러워서 인사를 잘 못하는데 너는 인사를 잘하는구나. 너의 장점을 사서 나도 인사를 잘하는 사람이 되고 싶어."

그다음에는 자신이 산 장점을 잘 실천하면 어떤 사람으로 변할 수 있을지 함께 이야기를 나눕니다. 마지막으로 그 장점을 일기장에 붙이면 놀이가 끝납니다.

친구와 사이좋게 지내는 아이들이 갖춘 장점을 한마디로 정리하면 '긍정의 마음으로 세상을 보며 너그럽다'는 것입니다. 요즘은 '뾰족한' 아이들을 자주 만납니다. 마음이 뾰족뾰족해서 조금만 다가가도 찔릴 것 같습니다. 자녀의 마음이 둥글어지려면 자녀를 지켜보는 부모님의 태도가 먼저 너그러워져야 하는 것을 기억해 주세요.

자기 마음대로만 하려는 아이는 어떻게 가르쳐야 할까요?

가끔 어떤 아이들은 다른 사람들과 의견을 조율하는 것을 굉장히 힘들어합니다. 그래서 학교가 있습니다. 그래서 학교가 힘듭니다. 교실은 작은 사회입니다. 자기 마음대로 되지 않는 것이 많습니다. 입학 전 가정에서 자기 통제력을 가질 수 있도록 해 주어야 하는데 그렇지 못한 경우가 있지요. 그런 아이들은 학교에 와서 지는 연습을 해야 합니다. 함께 살아가는 규칙을 어기고 자기가 원하는 대로만 하면 안 된다는 것을 학교에서 다시 배워야 합니다. 그런 과정에서 때로 다툼도 생기고 문제 상황도 생기지요.

형제가 많거나 대가족이라면 갈등 상황에 노출되어 자기 통제력을 기를 수 있는 기회가 주어지기 쉽습니다. 하지만 요즘에는 한 가정에 한두 자녀가 보통이라 입학 전에 그런 기회를 충분히 갖기 쉽지 않지요. 아이의 행복을 위해 최선을 다해 양육해서 결국 자기중심적인 성향의 아이로 만드는 건 아닌지 걱정이 될 때가 많습니다. 하지만 괜찮습니다. 학교에서 친구도 만나고 부대끼고 살다 보면 조금씩 나아집니다.

학교에서는 패배를 인정해야 하고 또 그걸 참아 내야 하는 상황이 있습니다. 이어달리기를 할 때도 그렇지요. 자기 팀이 꼴찌를 하고 있다고 배턴을 던져 버리는 아이도 있습니다. 이런 아이의 학교생활은 훨씬 힘들기도 합니다. 부모님의 이해와 격려가 필요합니다. 상담을 하다 보면 자녀의 양육을 어려워하시는 부모님들도 꽤 자주 만날 수 있습니다.

"아이가 산만해요. 짜증을 잘 내고 집중력이 부족해서 걱정이에요."

그저 아이가 갖추어야 할 것을 아직 덜 갖춘 것일 수도 있고 곧 나아질 수도 있지만 정도에 따라서는 심각한 경우도 있습니다.

주변 상황을 파악하지 못하고 제멋대로 행동하는 사람에게 우리는 '눈치 없다'고 합니다. '눈치 있는' 아이로 길러야 합니다. 지금 내가 하고 싶은 행동이 주변에 방해가 된다면 참을 수 있어야 합니다. 공공장소에서 함부로 행동하는 자녀를 기죽이지 않겠다고 내버려 두면 눈치 없는 아이로 자라게 됩니다.

어른의 권위에 눌려 눈치 보는 것은 바람직하지 않지만, 상황을 판단하고 눈치 있게 행동하는 것은 필요합니다. 실제 상황에서 아이가 부적절한 행동을 할 때 정확하게 알려 주어서 융화력 있는 아이로 자랄 수 있도록 도와주셔야 합니다.

지나치게 자기 마음대로 하려고만 할 때에는 스포츠 경기를 함께 보면서 최고의 팀이라도 선수들이 다 자기 내키는 대로 하려고 한다면 결코 좋은 성과를 얻을 수 없을 것이라고 말해 주세요. 경기에서 팀워크가 얼마나 중요한지 설명해 주시는 것도 좋겠지요. 또 다른 사람의 상황을 헤아리는 내용이 담긴 그림책을 함께 읽어 보는 것도 좋은 방법입니다.

"자기 마음대로 하려는 아이는 이렇게 가르치면 됩니다."

이런 정답은 없습니다. 일상에서 한 걸음 한 걸음 나아지려는 아이의 꾸준한 노력만이 답입니다. 내 아이 안의 무한한 가능성을 믿고, 부모인 나의 능력을 믿고 차근차근 시작해 보세요. 자기 통제력은 반드시 갖추어야 할 능력입니다.

25

내가 먼저 좋은 친구가 되는 방법!

1학년이 1학년에게 전하는 꿀팁!

내가 먼저 "안녕" 인사 잘하기. 친구가 기분 나쁜 행동해도 화내지 않고, 싸웠더라도 먼저 사과하기. 새로운 친구에겐 내가 먼저 착하게 대하고 친해지려 다가가기.

윤다현

친구의 마음을 이해해 주고 내가 무언가를 먼저 끝내도 잘 기다려 준다. 친구가 시험을 못 쳤을 때 놀리면 절대 좋은 친구가 될 수 없다. 좋은 친구가 되려면 못하는 친구를 격려해 줘야 된다.

서강인

『손잡지 않고 살아남은 생명은 없다』. 제가 좋아하는 최재천 교수님의 책 제목입니다. 학교는 친구를 만나러 오는 곳이라고 해도 지나치지 않을 만큼 학교생활에서 친구는 중요한 존재입니다. 학교에서는 친구와 손잡는 방법을 찾아보는 활동을 많이 합니다. 그래야 더 넓은 세상에 나가 아름답게 살아남는 생명으로 살아갈 테니까요.

예전에 친구와의 다툼이 잦은 한 아이의 부모님과 상담을 한 적이 있었습니다.

"선생님, 우리 아이는 먼저 시비 거는 아이가 아니에요. 무언가 억울한 일이 있으니까 싸움을 하는 것 같아요. 집에서는 이런 일이 거의 없어요. 그런데 학교에만 오면 왜 자꾸 친구랑 싸우는 걸까요?"

그렇습니다. 집에서는 다른 식구들과 싸우는 일이 없을 겁니다. 엄마 아빠가 아이에게 싸움을 걸 리가 없으니까요. 그 아이는 친구가 자신에게 기분 나쁜 표정을 지었다고 다가가서 발로 친구를 찬 일이 있었습니다. 그리고 당당하게 말했지요.

"쟤가 먼저 기분 나쁘게 했단 말이에요!"

부모님과의 상담이 이어지면서 아이의 모습이 부모님에게서도 보이는 것 같았습니다.

'다른 아이가 기분 나쁘게 했으니까 우리 아이가 화가 나서 그런 거지, 내 아이는 잘못이 없어. 주변 친구들이 문제지.'

부모님이 이렇게 생각하신다는 느낌이 들었습니다. 하지만 이런 생각이 문제 해결에 도움이 될까요?

교실은 아주 복잡한 상황이 일어나는 공간입니다. 다양한 아이가 모여 함께 배우고 놀고 체험하면서 예상치 못한 일이 늘 일어나지요. 소중한 내 아이는 누군가의 친구이고, 반의 다른 친구는 다른 누군가의 소중한 아들딸입니다.

부모님께서 이런 점을 잊으실 때마다 안타깝습니다. 내 아이와 다른 아이 사이에 다툼이 있을 때 원인을 다른 아이로만 돌려서는 아무 문제도 해결되지 않지요. 혹시 내 아이에게 어떤 개선할 부분이 있는 것은 아닌지, 어떤 도움이 필요한 것은 아닌지 객관적으로 생각해 보시는 것이 좋습니다. 다툼은 이런 점을 짚어 볼 기회입니다.

학교에서는 친구에게 '놀욕빼때험따'를 하지 말아야 한다고 가르칩니다. 이것은 '놀리기', '욕하기', '빼앗기', '때리기', '험담하기', '따돌리기'를 줄인 말입니다. 이런 행동만 안 하면 좋은 친구가 될 수 있을까요? 사실 이것은 최소한의 태도입니다.

교사로서 아이가 갖추었으면 하는 제일 중요한 덕목 하나를 말하라면 저는 '너그러움'을 꼽습니다. 아이가 너그러운 태도를 갖

추면 다른 아이를 배려하는 좋은 친구가 되어 원만한 관계를 쌓아 갈 수 있겠지요.

자녀에게 너그러움을 길러 주고자 하신다면 가정에서 평화로운 시간을 자주 가지는 게 좋습니다. 일주일에 몇 번이라도, 하루에 30분이라도 가족이 함께 평온하고 화목한 시간을 경험할 수 있도록 해 보세요. 아이와 손잡고 동네를 한 바퀴 산책하면서 이야기를 나누는 것도 도움이 됩니다.

문제집을 풀고, 학원 숙제를 하고, 씻고, 이 닦고, 정리하는 등 과업을 수행하는 일만으로 하루를 가득 채운다면, 아이는 쫓기는 삶을 살게 됩니다. 그렇게 마음의 여유가 없는 아이가 친구를 편안하게 대하기는 힘들지요. 가정에서 너그러운 이해를 받는 아이가 학교에서 친구들에게도 너그러운 태도를 보인답니다.

무엇이든 남과 나누기 싫어하는 아이, 어떻게 고칠 수 있을까요?

아이가 다른 사람을 배려하고 봉사하고 너그럽게 살 수 있도록 어른들이 모범을 보여야 합니다. 특히 아이는 부모의 언어를 배웁니다. 아이는 자라면서 모국어를 자연스럽게 사용하지요. 이와 마찬가지로 부모님이 도우며 봉사하고 작은 기부를 실천하는 모습으로 살아가면 아이는 자연스럽게 그 모습을 배웁니다. 아이가 사람들 앞에 나서기 싫어하고 소심해서 남과 나누지 못하는 성격이라면 용기를 갖도록 도와주는 것이 좋겠지요.

1학년은 가끔 재활용품을 활용한 수업을 합니다. 이런 수업을 하려면 요구르트병, 병뚜껑, 잡지 등에서 오린 그림 등 재료를 준비해야 할 때가 있습니다. 이때 준비물 챙기는 일을 도와주면서 혹시 못 가지고 온 친구가 있으면 나누어 쓰라고 말해 주세요. 실제로 재료가 넉넉해도 부족한 친구와 나누어 쓰지 않고 집으로 되가져 가는 아이가 있습니다. 엄마가 필요한 친구랑 나누어 쓰라고 하셨다면서 흔쾌히 나누는 아이도 있지요. 나눔도 배워야 합니다. 나눔도 습관입니다. 나눔을 통해 우리는 성장합니다.

나눔의 교육은 부모님의 도움이 필요합니다. 아이는 부모처럼 살아갑니다. 부모의 말처럼 살아가지 않습니다. 아이를 붙잡고 말로도 알려 줘야 하지만 삶으로서 더 많이 보여 주셔야 합니다. 나눔은 부모님의 모범으로 잘 가르칠 수 있습니다.

오래전, 헌혈을 한 번도 하지 않았다는 이유로 의사 면접에서 낙방한 미국 유학생 이야기를 읽은 적이 있습니다. 나누는 삶은 한 사람에게서 퍼져 나가 우리 사회에 따뜻함을 전하지요. 그리고 결국 자기 자신에게도 이롭습니다. 자녀에게 가르치고 싶은 것을 먼저 실천으로 보여 주세요.

26

모둠 친구가 게으름을 피울 때는 이렇게 해 보세요!

1학년이 1학년에게 전하는 꿀팁!

우리 반에는 그런 친구가 없는 것 같아. 그래도 알려 주는 이유는 너희들은 어떨지 모르기 때문이야. 그냥 내가 생각해 본 것을 적어 보고 싶었어.
1차 시도: 먼저 다정한 목소리로 같이 하자고 한다. 세 번 정도 부드럽게 얘기해 본다.
2차 시도: 내 말을 무시하면 잘 참여하는 딴 모둠 친구들과 함께 같이 하자고 얘기한다.
3차 시도: 그래도 무시하거나 안 한다고 하면 선생님께 도움을 요청한다.
처음부터 3차 시도를 하면 선생님이 오히려 싫어하실 수도 있다. 왜 같이 활동을 하지 않는지도 생각해 보자. 혹시 어려워서 그렇다고 하면 내가 도와준다고 하면서 달래고 이끌어야 된다.

김정원

“선생님, 쟤가 자꾸 내 공책을 보고 해요.”

입학한 지 얼마 지나지 않았을 때의 일입니다. 반 친구들이 다 들을 만큼 큰 목소리로 한 아이가 말했습니다. 자기의 이름을 바르게 써 보는 활동을 할 때였지요. 맙소사, 친구가 이 아이의 이름을 훔쳐보고 쓴 것일까요?

대부분의 아이는 학교에 입학하기 전 여럿이 모여 교육과 돌봄을 받은 경험이 있습니다. 그래서 나름의 친구관을 가지고 있지요. 그런데 때로 ‘친구보다는 내가 더 잘해야 한다’, ‘내 것을 친구와 나누는 일은 손해다’, ‘친구는 협력보다 경쟁의 상대다’ 같은 생각을 하는 경우가 있는 듯하여 걱정이 되기도 합니다.

공부를 잘한다는 것을, 나 혼자 먼저 완성한 학습 결과물을 선생님으로부터 인정받는 일이라고 여기는 아이가 꽤 많습니다. 자기 이름 쓰기를 하는데도 친구가 내 답을 보고 쓴다고 항의하는 모습이 재밌기도 하고 귀엽기도 하지만 씁쓸하기도 했지요.

1학년 담임이 되면 종이에 드러나는 학습 활동에 잘 참여하는 학생을 많이 만납니다. 종이만 내밀면 이름을 쓰고 문제에 답을 쓰려고 합니다. 학습지 위의 우등생이 많이 있다는 뜻입니다. 가정 통신문에 답을 쓰고 싶어 하는 일도 있지요.

반면에 친구와 함께 생각하기, 이야기 나누기, 친구의 생각 듣기 등에는 아주 약합니다. 이런 것은 공부라고 여기지 않고 딴청을 피우기도 합니다. 친구와의 관계 맺기는 중요하다고 생각하지 않는 것이지요. 결과물이 눈에 보이지 않기 때문일까요?

이제 초등학교 1학년인데 이미 형성된 잘못된 학습관을 바꾸기 위해 노력해야 할 때가 있습니다. 같은 문제를 함께 고민하고, 함께 해결하고, 그러면서 함께 성장하는 것이 참된 배움이자 배움의 기쁨이라는 점을 알게 해 주어야 합니다.

이를 위해 우리 반은 모둠 활동을 아주 많이 합니다. 아침 시간에는 짝과 대화를 합니다. 아침에 뭘 먹고 등교했는지 서로 이야기를 나눕니다. 대화 후에는 자신의 이야기가 아닌 친구의 이야기를 발표하도록 하지요.

"별이는 오늘 아침에 미역국을 먹었다고 했어요. 동생 생일이어서 엄마가 맛있는 소고기 미역국을 끓여 주셨대요. 별이는 미역국을 좋아한대요."

발표를 하는 아이도 자신의 이야기가 공개되는 것을 듣는 아이도 기쁜 모습입니다. 친구를 경쟁 상대가 아닌 함께 살아갈 동지로 여기는 태도가 1학년 세상살이 공부의 시작입니다. 내 이야기를 경청해 주는 친구가 있으면 모둠 활동은 잘 이루어집니다.

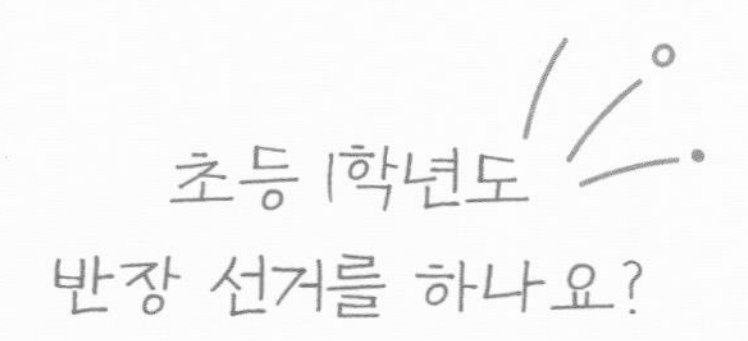

초등 1학년도 반장 선거를 하나요?

대부분의 초등학교에서 학급 임원 선거는 2학년 때부터 시작합니다. 하지만 반장 제도에 관심이 있는 1학년 우리 반 아이들과 반장의 역할에 대해 생각해 보았지요.

"반장은 어떤 일을 해야 할까요?"

먼저 아이들에게 질문을 던졌습니다.

"선생님이 안 계실 때 조용히 하게 해요."

"선생님 심부름을 하고 선생님을 도와드려요."

"선생님을 도와 우리 반을 질서 있게 만들어요."

다양한 의견이 나옵니다. 반장에 대한 아이들의 생각입니다. 하지만 모두 교사를 기준으로 한 반장의 역할이네요. 이제 반 친구들의 대표로서 반장이 어떤 역할을 하는지 생각해 보기로 했습니다. 또래 친구 사이에서 가치 있는 역할을 찾아보았지요.

"다른 친구보다 봉사를 더 열심히 해요."

"친구들의 모범이 되어야 해요."

아이들은 반을 대표하는 사람으로서 반장이 어떤 일을 해야 하는지 서로 의견을 나누며 배웁니다. 그다음, 우리 반은 1학년이니까 '일일 반장'을 해 보기로 했습니다. 역할이 주어지면 아이들은 의젓해집니다. 자신이 일일 반장이 되는 날을 손꼽아 기다리는 아이도 많습니다.

2학년부터 시작되는 학급 임원 선거는 성인이 되었을 때 대통령과 국회의원 등 국민의 대표를 바르게 뽑기 위한 연습이 되기도 합니다. 자신들을 대표하는 인물, 자신들을 위해 봉사할 인물로 누가 좋을지 생각하고 투표를 직접 해 보는 경험을 하는 것입니다. 선거권과 피선거권을 모두 누려 볼 수 있으니 민주주의를 배우는 아주 귀한 경험이지요.

저는 되도록 많은 아이가 반장 선거에 입후보하는 것이 좋다고 생각합니다. 그래서 여러 아이에게 권합니다. 도전해서 성공하거나 실패해 보는 것도 중요한 공부이기 때문입니다. 반장, 부반장에 입후보하려면 우리 반을 위해 진심으로 봉사할 마음이 있는지, 우리 반을 대표하는 사람으로서 성실하게 학교생활을 할 수 있는지, 또 어떤 노력을 할 것인지 미리 생각해 보아야 하지요.

이런 과정을 통해 아이들은 성숙한 시민으로 살아갈 연습을 합니다. 공부는 고민해 보는 것입니다. 경험해 보는 것입니다. 아이들의 배움은 모든 일상에서 늘 함께합니다.

27

이렇게 하면 친구를 잃어버려요!

1학년이 1학년에게 전하는 꿀팁!

뭐든 남 탓을 하면 친구를 잃어버리는 원인이 된다. "하지 마"라고 했는데도 계속 놀리거나 장난, 폭력까지 쓰면 더더욱 안 된다. 생각을 해 봐. 싫다고 하는데 계속하면 당하는 사람은 기분이 어떻겠니? 친구의 마음을 이해해 줘야 해. 그리고 사소한 거라도 친구에게 물어보는 습관을 가져야 해. "네 물건 써도 돼?" 같이 말이야. 그런데 친구가 안 빌려줄 수도 있는데 그렇다고 화를 내잖아? 그러면 아무도 너한테 말 안 걸려고 할 거야. 또 말을 예쁘게 안 해도 친구를 잃어버릴 수 있어. "쟤는 나한테 욕할지도 몰라" 하면서 말이지. 사소한 것까지도 선생님한테 이르는 것도 친구 잃어버리는 짓이야. 친구는 "쟤는 자꾸 선생님한테 이르니까 쟤랑 안 놀래"라고 할 거야. 신우상

"선생님, 별이가 복도에서 뛰었어요."

"선생님, 달이가 색연필 안 가지고 왔어요."

1학년 담임 교사가 일상에서 자주 듣는 말입니다. 그저 별생각 없이 사실을 말하고자 해서 이런 말을 하는 경우도 있습니다. 하지만 친구의 잘못을 밝히려는 마음, 그렇게 해서 친구가 혼나기를 바라는 마음에서 하는 경우도 있지요.

이런 말은 도움 요청보다 고자질에 가깝습니다. 그래서 도움 요청과 고자질의 차이를 가르쳐 주었습니다. 도움 요청은 친구나 나의 몸과 마음의 안전에 위험이 있을 때 선생님에게 알려서 해결하려는 것이고 고자질과는 다르다고 말입니다.

우리 반에서는 도움 요청의 3단계를 함께 약속하고 실천합니다. 1단계는 단순한 실수입니다. 지나가다가 실수로 남의 필통을 떨어뜨리는 것처럼 생활 속에서 쉽게 일어날 수 있는 일은 그냥 이해하고 넘어가기로 했지요. 떨어뜨린 아이는 미안하다고 하고, 필통 주인은 괜찮다고 하면 됩니다.

2단계는 의도적인 잘못입니다. 친구를 놀리거나 고의로 피해를 입히는 경우이지요. 놀림을 당하면 일단 자신의 기분을 분명히 말하고 부탁을 합니다.

"네가 뚱뚱하다고 놀리니까 기분이 나빠. 조심해 줘."

그런데 인과 관계가 그렇게 단순하지 않을 때가 있습니다. 아이들이 자주 하는 말 중의 하나가 "나는 가만히 있었는데 친구가 놀렸어요"입니다. 하지만 찬찬히 깊이 있게 이야기를 나누어 보면, 자신이 먼저 기분 나쁜 행동 또는 말을 하거나 눈빛을 보낸 경우도 있지요. 그래서 어른이 개입할 때는 신중해야 합니다.

3단계는 즉시 교사의 도움이 필요한 위험이 있거나 2단계가 지속되는 경우입니다. 이때는 바로 도움을 요청해야 합니다. 이 단계에서는 혼자 해결하려 하거나 참고 있으면 안 된다고 일러 주었지요.

"이 일은 몇 단계지요? 선생님이 뭘 도와줄까요?"

우리 반에서는 어떤 상황이 생길 때마다 아이들과 의견을 나누어 봅니다. 그때 주변의 아이들이 먼저 대답하기도 하지요.

"그 일은 1단계예요. 그건 네가 해결해야지!"

교실에서 1단계의 일은 무수히 많이 일어납니다. 신중하게 행동하면 좋겠지만 그렇게 하지 못할 때가 많지요. 그럴 때는 "미안하다"라고 하면 금세 끝이 납니다. 금방 둘이서 해결이 가능해서 아무 일 없이 지나가는 경우가 많지요.

물론 때로 1단계의 상황에서도 상대를 이해해 주지 않아 다툼으로 번질 때도 있습니다. 이를테면 친구가 지나가다가 실수로 부딪힌 일로 교사에게 하소연하는 아이도 있는데, 안타깝게도 이런 아이는 친구를 잃어버리기 쉽습니다.

또 1학년의 교실에서는 '관심의 표현'과 '놀리는 것'을 구분해야 할 때가 있지요. 미용실을 다녀온 아이가 "너 머리 잘랐네?"라는 친구의 말을 놀림으로 받아들여 도움 요청을 하기도 합니다. 물론 친구의 눈빛이나 말투에 미묘한 느낌이 담겨 있었을 수도 있겠지요. 하지만 주변 친구의 한마디에 늘 지나치게 예민하게 반응하고 속상해하면 친구 관계에 어려움을 겪게 됩니다.

실제로 학교생활에서 가장 어려운 부분은 친구와의 관계 유지입니다. 아이들은 모두 성향이 다릅니다. 섬세하지만 날카로운 아이도 있고, 재미있지만 장난이 심한 아이도 있으며, 조용하지만 고집이 센 아이도 있지요. 모두 다른 특징을 가진 여러 아이가 한곳에 모여 생활하면 쉽지 않은 일들이 많이 일어납니다. 이런 점을 잘 헤아려 가정에서도 객관적으로 상황을 이해하면서 적절한 지도를 함께 해 주시면 좋겠습니다.

항상 혼자인 아이, 어떻게 하면 도울 수 있을까요?

이제 학교라는 넓은 세상으로 첫발을 내딛는 1학년 자녀가 긍정적인 마음을 가질 수 있도록 해 주세요. 이를 위해 부모님의 지혜로운 태도가 필요합니다. 아이가 어떤 세상을 만나고 오느냐는 부모님의 영향이 큽니다. 친구는 아이가 만나는 아주 중요한 새로운 존재입니다. 긍정의 마음으로 친구에게 다가갈 수 있도록 도와주세요.

"재미있었니?"

"고마운 일 있었니?"

"오늘 친구에게 어떤 도움을 주었니?"

부정적이거나 타인이 주어가 되는 질문을 줄이고, 긍정적으로 아이를 주어로 삼아 질문을 해 주세요. 친구에게 어떤 도움을 주었느냐는 물음에 아이는 자신도 모르게 마음속으로 '도움을 주는 일을 해야겠구나' 하고 생각하게 됩니다.

"학교에서 누가 힘들게 하지 않았니?"

이런 질문을 받은 아이는 하루를 곰곰이 돌아보면서 쉬는 시간에 지나가던 친구가 필통을 떨어뜨린 일을 기억해 냅니다. 그리고 속상했다고 이야기합니다. 그 이야기를 들은 부모님은 자녀가 혹시나 학교생활을 제대로 못 하고 있는 것은 아닌가 걱정하시게 됩니다. 그 걱정은 아이의 용기를 저해합니다. 그런 부모님의 걱정이 아이에게 비치면 어느새 아이는 교실에서 피해자가 되지요.

입학을 앞둔 자녀에게 학교, 선생님, 친구에 대해 미리부터 부정적인 생각을 갖게 하는 경우도 있습니다.

"오늘부터는 일찍 일어나야 해. 학교에 지각하면 선생님한테 혼나."

"밥을 혼자서도 잘 먹어야지. 학교에 가서도 그렇게 하면 친구들이 놀릴 거야."

"학교 가서 책도 못 읽으면 선생님이 싫어할 거야. 얼른 공부하자."

부모님이 무심코 이런 말을 계속하신다면 아이의 학교생활이 행복할 수 있을까요? 씩씩하게 친구들에게 손 내밀 수 있을까요? 사소한 말이 생각을 바꾸어 놓을 수 있습니다.

"수업이 시작된 후에 교실에 들어가면 공부하고 있던 친구들에게 방해가 될지도 몰라. 너의 행동이 친구들에게 도움이 될 수 있도록 노력해 보자."

자신의 행동을 선택하고 그에 책임지겠다는 생각을 갖도록 도와주세요. 중요한 사람으로부터 수용되는 경험, 깊고 따뜻한 사랑으로 이해받는 경험이 있어야 아이도 누군가에게 먼저 다가가 손을 내밀고 좋은 친구가 될 수 있습니다. 꼭 안아 주세요. 그리고 말해 주세요.

"엄마는 1학년이 된 네가 자랑스러워. 잘할 수 있을 거야."

28

우리 팀 선수가 배턴을 떨어뜨릴 때는 이렇게 말해요!

1학년이 1학년에게 전하는 꿀팁!

한 친구가 배턴을 떨어뜨려서 다른 친구가 짜증을 냈다. 이어달리기는 누구나 실수할 수 있는 건데 좀 심했던 것 같다. 나는 이어달리기할 때 협동이 중요하다고 보기 때문에 실수를 했다든가, 못 달렸다든가 해서 나쁜 말을 하면 그 팀은 망한다고 생각한다. 이어달리기를 잘하려면 먼저 나부터 친구에게 자신감을 심어 줘야 한다. 그리고 스스로도 노력해야 된다. 잘 못 달리면, 기름진 음식을 안 먹고 운동을 자주 하면 실력이 늘 수 있다. 또 공원에 가서 연습도 많이 해야 한다.

배정훈

우리 반은 수업 전 아침 시간이나 통합 교과 수업 시간에 이어달리기를 합니다. 경기를 거듭할수록 응원하는 태도, 달리는 태도, 질서 있게 자기 차례를 기다리는 태도가 점점 나아지지요. 팀원들끼리 서로를 격려하는 모습도 보입니다. 한 경기가 끝나면 팀별로 잠시 모여 잘된 점과 고칠 점을 나누고 다음 경기 계획도 세웁니다.

이때 잘 살펴보면 소심해 보이던 아이가 팀을 이끌기도 하고, 장난을 잘 치던 아이가 경청하거나 협조적인 자세를 보이기도 합니다. 자신의 뜻과 다소 맞지 않아도 양보하는 아이가 있는가 하면, 조금만 의견 차이가 나도 삐치고 화를 내는 아이도 있지요. 그래도 다 이겨 내야 합니다. 학교는 자기 마음대로 안 되는 일이 있다는 것을 배우는 곳이니까요.

어느 날은 한 아이가 실수로 배턴을 떨어뜨렸습니다. 같은 팀의 친구는 그 아이를 비난했지요. 갈등이 생겼습니다. 하지만 그것을 풀어 가는 과정에서 그 일의 당사자인 아이들도 다른 친구들도 중요한 공부를 하게 되었습니다. 친구와 불화가 생겼을 때 어떻게 대처해야 하는지 알게 되었지요. 갈등 상황에 처했을 때 우리의 마음은 자랍니다. 자신의 삶에서 일어난 일을 통해 교훈이 담긴 책, 교사의 가르침에서보다 더 큰 배움의 기회를 얻는 것입니다.

이어달리기를 할 때 꼴찌팀의 마지막 주자가 포기하지 않고 결승선을 향해 달리면 아이들은 모두 박수를 보냅니다. 같은 상황에서 “어차피 꼴찌인데 뭘” 하며 배턴을 던져 버리는 아이도 있고 천천히 걷다시피 하는 아이도 있습니다. 끝까지 최선을 다하는 아이는 이런 약한 마음을 이겨 낸 것이지요.

이러한 배움의 시간이 쌓이면 달리기를 잘 못하는 아이를 위해 목청껏 응원하는 모습, 넘어지지 말고 자세를 낮추라고 애타게 조언하는 모습도 볼 수 있습니다. 팀원들끼리 얼싸안고 기쁨을 나누는 모습을 보면 코끝이 찡해집니다. 긍정적인 변화의 모습을 보려면 긴 시간이 필요하지요.

우리 반의 이어달리기에는 특별한 규칙이 하나 있습니다. 바로 ‘차등 출발’입니다. 앞선 경기의 결과에 따라 팀별로 3미터 정도 차이를 두고 출발하는 것입니다. 그러면 꼴찌팀과 1등팀의 출발선이 10미터

정도 벌어집니다. 이렇게 하면 아이들이 출발선에서 서로 부딪혀 넘어지지 않기 때문에 더 안전하기도 하지요.

"여러분, 우리가 차등 출발을 하는 이유가 뭘까요?"

"다 같이 재미있으려고요."

"꼴지팀도 힘을 내라고요."

"진 팀에게도 이길 수 있는 기회를 주려고요."

아이들은 이런 작은 경험을 통해 공평을 넘어선 공정을 배우고 더불어 살아가는 법을 배웁니다.

마음 그릇이 커지고 협력하는 생활 태도를 배웠으면 하는 바람에서, 저는 우리 반 아이들과 매일 이어달리기를 하고 있습니다. 어릴 때 아이의 마음 그릇을 크게 만들어 주면 각자의 역량만큼 그 그릇을 채우면서 살아가리라고 믿으니까요. 튼튼한 체력, 친구의 힘든 마음을 위로하는 공감력, 내 마음에 안 드는 것도 받아들이는 포용력, 친구를 배려하는 따뜻한 가슴. 이런 것들은 세월이 지나도 사라지지 않고 삶을 살아갈 때 든든한 신체적, 감정적 자본이 되어 줄 것입니다.

이어달리기를 마치고 교실로 돌아오는 길, 하늘을 쳐다봅니다. 파란 하늘로 비행기 한 대가 날아갑니다. 아이들에게 비행기를 보라 했더니 비행기가 이동하는 방향으로 뛰어갑니다. 파란 하늘이 예쁩니다. 하늘 아래 아이들은 더 예쁩니다. 마음이 넉넉해지니 세상이 더 예뻐 보입니다.

"선생님, 하늘이 정말 파래요!"

운동장에서 몸을 움직이면 모두가 좋은 친구가 됩니다. 갈등을 잘 이겨 내면 아이들은 평화로워집니다.

사소한 일에도 감정을 분출하는 아이 버릇, 어떻게 고쳐야 할까요?

컵 세 개를 준비합니다. 스테인리스 컵, 종이컵, 유리컵입니다. 바닥에 큰 종이를 깔고 던집니다. 스테인리스는 쨍그랑 소리를 낼 뿐 큰 변화가 없습니다. 종이컵은 구겨져서 자국이 남습니다. 유리컵은 산산조각이 나 버립니다. 아이들에게 묻습니다.

"여러분은 어떤 컵과 닮았나요? 어떤 컵처럼 살고 싶은가요?"

살다 보면 화나거나 억울하거나 짜증날 때도 있고 서운하거나 슬프거나 힘들 때도 있습니다. 하지만 우리가 느끼는 모든 감정을 맘껏 주변에 발산하며 살 수만은 없겠지요. 그래서 감정을 다루는 방법을 찾아 실천할 수 있도록 도와주어야 합니다.

간혹 화가 난다고 교과서를 찢거나 책상 위의 물건을 던지는 아이가 있는가 하면, 조금만 뜻대로 되지 않으면 울어 버리는 아이도 있지요.

"화가 나서 친구를 때렸어요."

당당하게 이야기하는 아이도 있습니다. 화가 난다고 친구를 때리는 건 용인될 수 없습니다. 화났을 때 하는 행동으로 인격이 가늠됩니다. 화가 났을 때는 먼저 숨을 고르는 등 감정을 가라앉히려는 노력을 해야 합니다. 지혜로운 방법을 찾아야 합니다. 아이들이 학교생활을 어려워하는 경우, 보통 가장 큰 원인이 스트레스 자기 관리 능력의 부족입니다.

아이에게 가슴이나 배 근처를 '나만의 장소'로 정하게 해 보세요. 불쑥 화가 나면 그곳을 살며시 누르라고 합니다. 그다음 하나, 둘, 셋까지 세고 자신의 감정에게 말을 걸게 하세요. 그러면 마음이 조금 가라앉습니다. 스스로 느끼는 감정을 말로 잘 표현하지 못하는 경우에는 '감정 스티커'를 붙이게 해도 좋습니다. 손바닥이나 손목에 자신의 감정과 같은 표정이 그려진 스티커를 붙이고 말해 보라고 하는 것입니다. 스티커를 붙이는 행위는 감정표현력 향상에 도움이 되고 재미가 있기도 합니다. 시간이 잠시 흐르면 그 순간의 일이 별일 아니라고 깨닫게 됩니다.

아이가 감정을 억누르지 못하고 달려와서 항의할 때, 힘들어할 때 바로 말로 설득하거나 가르치는 것은 좋은 방법이 아닙니다. 일단 몸을 낮추어 앉게 합니다. 부모님도 함께 앉습니다. 몸을 땅과 가까이 하는 것도 좋은 방법입니다.

"잠깐만, 별아! 엄마 따라 해 볼래?"

손목을 돌리거나 손가락을 비트는 간단한 행동을 함께 해 봅니다. 서너 번 하고 나면 마음이 좀 풀립니다. 마음의 문제에 마음이 아닌 몸으로 접근하는 방법입니다. 잔뜩 흥분한 아이에게 눈 감고 마음을 가라앉히라고 하면 잘 될까요? 아이가 노력해도 마음속의 감정은 쉽게 사라지지 않을 것입니다. 이럴 때는 오히려 신체적으로 해소하는 것이 더 좋습니다. 달리기도 많은 도움이 되지요. 예전에 분노 조절이 잘 안 되는 한 아이가 있었습니다. 그때 우리 반은 아침마다 아이들과 맨발 달리기를 했습니다. 10바퀴쯤 달리고 나서 교실로 들어오려다가 물었습니다.

"아직 힘이 남아서 더 달리고 싶은 사람?"

몇 명이 손을 들었는데 그 아이도 있었습니다. 그 아이는 20바퀴쯤 친구들과 신나게 달리고 교실로 들어왔습니다. 이후 수업 시간에 훨씬 차분한 모습을 보였지요. 마음의 문제를 몸으로 푼 것입니다.

여건이 되신다면 아이와 동네를 한 바퀴 함께 걸어 보세요. 주말이면 가까운 산으로 등산을 가는 것도 좋습니다. 돗자리를 깔고 하늘을 쳐다보며 즐긴다면 더 좋겠지요. 아이는 땅과 친하게 지내는 일이 필요합니다. 땅을 밟고 걷고 뛰고 움직이면 감정 조절도 차츰 좋아집니다. 아이를 붙잡고 화내지 말라고 하는 긴 잔소리는 소용이 없습니다. 아이의 감정을 돌려놓은 후 아이가 안정이 되었을 때 가르치고 싶은 이야기를 시작해도 늦지 않습니다.

29

친구에게 책을 읽어 주는 방법!

1학년이 1학년에게 전하는 꿀팁!

1학년이라면 학교에서나 집에서 친구를 위해 책을 읽어 줄 일이 생긴다. 만약 책을 잘 못 읽는다면 내가 말해 주는 방법을 잘 참고하길 바란다. 제일 먼저 중요한 것은 목소리다. 목소리를 크게 하고 또박또박 말하면 누구나 잘 들을 수 있기 때문이다. 큰 목소리로 발음을 정확하게 하는 연습을 해 보는 게 좋다. 책을 읽는 태도도 중요하다. 아무리 발음이 정확하고 목소리가 커도 태도가 좋지 않으면 이상해 보인다. 의자, 바닥에 바른 자세로 예쁘게 앉아서 책을 읽어 주는 것이 좋은 자세이다.

이보윤

우리 반에서는 아침 시간에 친구와 함께 책을 읽습니다. 삼삼오오 모여 한 권의 책을 펴 놓고 깔깔대며 책 읽기를 합니다. 실감 나는 읽기 공부이지요. 친구와 읽으면 같은 책도 더 재미있게 느껴집니다. 책 속의 내용에서 자신이 알고 있는 것을 서로서로 이야기하기도 합니다. 공룡에 관심이 있는 아이들은 함께 모여 공룡에 관한 책을 읽고 저마다 아는 것을 자랑합니다. 한 문장씩 교대로 읽기도 하고 연극 대본처럼 읽기도 합니다.

친구들에게 책 읽어 주기는 우리 반의 자랑입니다. 아이들이 교실 곳곳에서 책을 낭독하면 그 책에 관심 있는 아이들이 모여들지요. 스스로 읽을 책을 정해 오고 스스로 듣고 싶은 곳을 찾아가서 듣습니다.

청자가 되는 아이들은 꼭 낭독을 잘하는 친구만을 고집하지 않습니다. 관심 있는 책, 관심 있는 친구 등 기준이 다양합니다. 아이들이 누구와 이 활동을 하는지 유심히 살펴보면 친구 관계를 파악할 수도 있지요. 가끔 소외되는 아이를 찾아 적절한 지도를 해야 할 때도 있습니다.

글의 양이 많은 책을 골라 온 아이는 고생을 할 때도 있습니다. 그러면 듣고 있던 아이들이 대화 부분은 자신들이 읽겠다고 제안하기도 합니다. 이렇게 읽어 주는 사람과 듣는 사람이 공동으로 책을 읽게 되지요. 아이들은 어떤 기회를 주면 어느새 또 다른 아이디어를 내며 놀이처럼 즐기며 배웁니다.

예전에 우리 반에 유난히 조용한 여자아이가 있었습니다. 수업 중에 그 아이의 목소리를 들으려면 한참을 기다려야 했지요. 그런데 놀라운 일이 일어났습니다. 친구에게 책 읽어 주기를 해 보라고 몇 번 권했더니, 어느 날 용기를 내 도전한 것입니다.

그 아이는 아이들이 좋아하는 방귀 이야기를 담은, 재미있는 낱말로 구성된 그림책을 선택했습니다. 앞에 친구들이 모였습니다. 첫 장을 펼치고 작은 소리로 읽기 시작했지요. 친구들은 책의 익살맞은 그림과 내용에 깔깔 웃었습니다. 그런 반응에 그 아이는 용기가 생겼습니다. 그렇게 첫 책 읽기가 성공적으로 끝났습니다.

지금 그 아이는 고학년이 되었습니다. 아이의 어머니는 여러 번 그때의 일이 감사하다고 하셨지요. 그때부터 서서히 학교생활이 달라졌으니까요. 친구 앞에서 발표하는 것은 두려운 일이 아니라고 생각하게 된 것일까요? 그 아이는 자주 손을 들고 자기 의견을 말했고 친구에게 책 읽어 주기도 즐겨 하게 되었지요.

원하는 책을 골라서 읽는 아이도, 원하는 낭독을 골라서 듣는 아이도 당당한 자기 삶을 사는 것입니다. 친구와 함께 하면 책 읽는 일도 행복해집니다. 나의 책 읽기에 찾아와 준 친구가 고맙고, 재미있는 책을 읽어 주는 친구가 고마워 더욱 친해지기도 하지요. 책을 함께 읽는 시간을 통해 서로에게 좋은 친구가 되어 주는 셈입니다.

아이들은 서로 교감하며 짧은 시간에 책 속의 세상으로 몰입할 수

있습니다. 이렇게 하면 책도 친구가 되고 친구도 친구가 됩니다. 책은 혼자 열 권 읽는 것보다 열 명이 같이 한 권을 읽는 게 더 나을 때가 많습니다.

꼭 학습지를 시키거나 학원에 보내야 하나요?

앞을 못 보는 나그네가 산길을 가다가 낭떠러지에 떨어졌습니다. 다행히 추락하던 중에 나뭇가지를 잡았습니다. 그는 나뭇가지에 매달려 겁에 질려 살려 달라고 소리를 질렀습니다. 그러자 지나가던 스님이 나뭇가지를 놓으라고 합니다.

"놓으라니요? 이걸 놓으면 죽는데!"

나뭇가지 아래는 곧 발이 닿는 땅이었습니다. 앞 못 보는 나그네가 알 수 없었던 것뿐이지요. 누구에게나 지금 붙잡고 있는 무언가가 있습니다. 그것을 놓으면 큰일이 날 것 같은 두려움도 있습니다. 하지만 혹시 우리도 발아래 땅이 있는데 덜덜 떨며 힘들게 매달려 있는 것은 아닐까요?

아이가 수학 학원에 갑니다. 방과 후에 시간을 쓰고 돈을 쓰고 에너지를 씁니다. '나는 매일 수학 학원에 다녀.' 아이에게 학교 말고 따로 믿는 구석이 생겼습니다. 그래서 수업 시간에 제대로 집중하지 않고 최선을 다해서 알려고 하지 않을 수 있습니다. 학원에서 미리 배워서 재미가 없을 수도 있지요. 아이는 스스로 공부하는 법을 조금씩 잃어버립니다.

아이를 수학 학원에 보냅니다. 부모 노릇을 한 것 같아 마음이 놓입니다. '지금쯤 내 아이는 수학 공부를 열심히 하겠지' 하고 안심합니다. 조금만 신경 써서 학원 수업을 따라오면 성적이 될 것이라는 학원의 피드백이 더 마음을 놓이게 합니다. 아랫집 아이도 가고 윗집 아이도 가는데 함께 갈 수 있어 다행이라고 여겨집니다.

아이가 수학 학원에 가지 않습니다. 방과 후 시간이 넉넉해서 여가 시간을 충분히 즐깁니다. 근처 놀이터에서 놀기도 하고 심심해서 책을 읽기도 합니다. 가족과 시장 나들이도 갈 수도 있지요. 수학 공부는 수학 시간에 더 열심히 해야겠다고 마음먹습니다.

아이를 수학 학원에 보내지 않습니다. 아이가 집에서 수학 공부를 합니다. 부모님은 더 많은 관심을 가지게 되고 아이의 성취와 노력의 과정을 칭찬합니다.

뭔가를 하면 보이는 성과가 있습니다. 하지만 그걸 하기 위해 포기한 것들, 잃은 것들은 보이지 않습니다. 아이를 학원에 보내지 않으면 비로소 그 대신 얻을 수 있는 것들이 보일 것입니다.

사실 어떤 선택에도 단점만 있을 수는 없습니다. 내 아이의 상황과 성향을 보고 신중하게 결정해야 합니다. 모두가 가는 길이 정답이 아닐 수 있으니까요. 학습지를 시키는 일도 마찬가지이겠지요.

손을 놓으면 죽을 것 같은 나뭇가지를 놓고 뛰어내리면 발아래 평평한 땅이 기다리고 있을지도 모릅니다. 용기가 필요합니다. 꼭 큰일이 나는 것이 아닙니다. 손을 놓으면 매달려 있을 때 보이지 않던 것들을 볼 수 있습니다. 또 다른 기회가 기다립니다.

스스로 공부하는 힘은 중요한 능력입니다. 자라서 사회에 나가게 되면 결국 자기 힘으로 여러 가지 일을 해 나가야 하니까요. 게다가 사람은 스스로 무언가를 할 때 참된 기쁨을 누릴 수 있습니다. 하지만 누군가의 도움으로, 누군가의 기획 아래 학습지를 풀고, 누군가가 강제하는 학원 수업에 익숙해지면 스스로 하는 능력이 자라지 않지요.

"현실이 그렇지 않은데요, 선생님."

네, 그렇습니다. 그래도 다시 생각해 보아야 합니다. 깨달은 누군가가 바꾸어야 합니다. 여럿이 하면 문화가 됩니다.

30

친구가 나를 놀릴 때는 이렇게 해결해요!

1학년이 1학년에게 전하는 꿀팁!

처음엔 "하지 마"라고 말한다. 얼굴은 오히려 웃으면서 절대 화난 표정을 지으면 안 된다. 재미없어야 그만두기 때문이다. 그럼에도 계속 놀리면 선생님께 말씀드리도록 하자. 선생님은 놀린 친구와 나 둘 다 불러서 무슨 일인지 얘기해 보라 하실 거다. 그냥 있는 사실 그대로 말하면 된다. 보통 놀린 친구가 꾸중 받고 끝난다. 하지만 친구가 놀렸다고 해서 나도 놀리면 나도 꾸중 듣는다. 똑같은 짓을 하면 똑같은 사람이다.

우영준

어느 날은 창의적 체험 활동 자율 시간에 아이들과 특별한 공부를 했습니다. 주제는 '장난으로 내 지우개를 갖고 달아나는 친구의 행동에 대한 나의 태도'였지요. 서른 명 정도의 여덟 살 아이들이 좁은 공간 안에서 생활하다 보면 서로 쫓고 쫓기는 일이 자주 벌어집니다.

그냥 툭 치고 달아나기도 하고 물건을 함부로 가지고 가기도 합니다. 메롱메롱 우스운 말장난을 하고 달아나기도 하지요. 둘 다 장난이라고 말하면서 서로의 탓을 하기도 합니다. 이렇게 정신없이 뛰다가 넘어져서 다치는 사고도 일어납니다. 복잡한 교실이나 복도에서 이런 일이 벌어지면 아찔할 때가 많습니다.

수업의 주제와 같이 지우개를 빼앗긴 경우 아이들은 두 가지 선택을 할 수 있습니다.

첫째, 지우개를 달라고 고함을 치며 따라가 빼앗다시피 돌려받습니다. 그 과정에서 씩씩대며 친구에게 화를 냅니다. 함께 놀리거나 거친 말을 하기도 합니다. 먼저 지우개를 가지고 도망가며 장난을 친 아이는 자기의 잘못은 까마득히 잊은 듯 오히려 항의합니다. 이 방법은 다툼으로 이어질 때가 많습니다.

둘째, 친구가 장난치는 것을 알아차렸다면 "만져 보고 돌려줘"라고 한 뒤 내 할 일을 계속합니다. "다른 사람의 물건을 함부로 가져가는 건 나쁜 일이야. 하지만 나는 네가 돌려줄 때까지 기다려 줄 거야"라고 자신의 마음을 전합니다. 기다려도 안 돌려주면 그때 교사에게 도움을 요청하면 됩니다. 놀랍게도 많은 아이들이 이 정도의 일은 대수롭지 않게 넘기고 느긋하게 기다리며 해결합니다.

지우개를 갖고 달아나는 아이와 쫓아가는 아이를 보면 둘 다 재미있어하며 그런 장난을 즐기는 경우가 있습니다. 함께 장난치며 놀지만 조금이라도 다치면 큰일입니다. 낄낄대며 도망가고 붙잡으려 뛰는 아이 둘을 불러 세웁니다.

그러면 지우개 주인은 지우개를 가져간 친구 탓을 합니다. 친구 때문에 그 일이 시작된 것은 맞습니다. 하지만 그런 도발에 모두가 똑같이 반응하지는 않지요. 장난치는 친구의 행동에 대처하는 방법은 스스로 생각하고 스스로 결정한 것입니다.

물론 심한 장난을 치는 행동에 대한 적절한 지도는 반드시 필요합니다. 남의 물건을 함부로 만지지 않아야 하고 친구가 싫어하는 장난은 하지 않아야 합니다. 하지만 여기서는 그런 친구의 행동에 내가 어떻게 대응하느냐만을 생각해 보고 싶습니다.

어떤 교실에도 장난을 즐기는 아이들은 있습니다. 그에 대처하는 행동을 선택하는 것은 자신의 의지이며, 어떤 선택을 하느냐가 그 사람의 품격을 결정합니다. 이런 생각을 통해 내가 평화롭게 지낼 수 있고, 장난치는 친구와 함께 안전하게 학교생활을 할 수 있는 방법을 찾게 되지요.

아이들의 놀이는 때로 어디까지가 놀이이고 어디까지가 심한 장난인지 구분하기 힘듭니다. 두 아이가 신나게 놀고 있습니다. 놀이와 장난의 경계 어디쯤의 모습입니다. 이때 한 아이가 “이제 그만할래”라고 한다면 그 이후에 계속되는 행동은 폭력이 됩니다.

보통 '가해자'는 장난이었다고 하고 '피해자'는 폭력이었다고 주장합니다. 하지만 사실 둘이 장난을 치며 같이 놀다가 어느 순간 자기가 피해자라고 하는 경우도 가끔 봅니다. 어른의 시선으로 아이들의 다툼을 섣불리 판단하지 않아야 하는 이유는, 그 아이들은 내일 또 함께 배우고 놀아야 할 친구이기 때문입니다.

이것은 교실에서 가장 민감하고 힘든 교육적 상황 중 하나입니다. 그렇기에 아이들이 꼭 생각해 봐야 할 문제이며, 가정의 지도와 잘 연결되어야 하는 문제이기도 합니다. 아이들은 이런 이야기를 나누며 문제 해결력, 일상 속의 생각하는 힘을 기릅니다.

여덟 살이 배워야 할 세상은 넓고 큽니다. 하지만 너무 염려하지 않아도 됩니다. 아이들에게서 어떤 문제가 일어났다면 아이들이 그 문제를 해결할 힘도 함께 가졌다는 뜻입니다. 어른들이 무리하게 개입하려 들지 않고 기다려 주면 아이들은 해결의 열쇠를 찾아냅니다.

생각할 수 있는 기회와 시간을 충분히 주고 기다려야 합니다. 어렵지만 배워 나가야 하는 것이 아이 삶의 과제이니까요. 부모의 사랑은 때로 힘들어하는 아이에게 도움을 주고 싶어도 참고 지켜봐야 하는 것임을 기억해 주세요.

학교 폭력의 피해자 혹은 가해자가 되지 않으려면 어떻게 해야 할까요?

아이가 친구와 다투어 갈등 상황이 생기는 일은 드물지 않습니다. 하지만 '피해자', '가해자'라는 이름을 붙이는 순간 그 일을 교육적으로 해결하기는 어려워집니다(요즘은 '관련자'라고 지칭합니다). 가해자, 피해자, 학교 폭력 등의 말이 낯설지 않은 용어가 되어 버린 건 참 슬픈 일입니다. 교육의 문제를 교육으로 해결하지 못하고 매뉴얼로 해결할 수밖에 없는 학교 현장이 안타까울 때가 많습니다.

물론 가끔 뉴스 보도를 통해 보듯이 정말 문제가 심각한 경우도 있지요. 하지만 1학년 교실에서 그런 일은 흔치 않고, 대화와 사과로 풀 수 있는 갈등이 대부분입니다.

사실 넓게 보면 우리 모두는 서로 연결되어 있습니다. 교실에 앉아 있는 내 아이의 친구들은 어떤 존재인가요? 먼 훗날 누군가의 가족이 될 사람들입니다. 나중에 내 아이가 결혼을 하면 이 교실이 아니더라도 다른 어딘가에서 자라고 있는 남의 아이가 나의 사위, 며느리가 되겠지요. 세상은 넓고도 좁아서 결국 우리 모두는 결코 완전한 남이 될 수 없습니다.

"반 친구들이 이상해요."

"내 짝이 나빠요."

이상하다는 반 친구들과 나쁘다는 아이의 짝은 누군가의 귀한 아들딸입니다. 학부모님과 상담 전화를 할 때 저는 우리 반 모든 아이가 저의 소중한 제자임을 먼저 말씀드립니다. '내 아이'만큼 '우리 아이'도 소중합니다. 우리 아이 속에 내 아이도 존재하는 것이니까요.

어느 작은 마을에서 청소년을 자녀로 둔 부모님들이 동네 북카페를 빌려 이색 아르바이트를 할 사람을 모집했습니다. 책을 소리 내어 일정 시간 읽으면 비용을 지불하겠다는 것이었습니다. 아이들은 하나둘 아르바이트에 지원해서 책을 읽었습니다. 처음에는 돈을 벌 수 있다는 생각에 혹했지만 차츰 자연스럽게 책을 좋아하게 되었지요.

사실 그 마을 부모님들은 내 아이만이 아닌 우리 아이를 지켜 내는 일을 시작한 것입니다. 청소년 문제를 걱정하던 마을 사람들이 모여 함께 아름다운 문화를 만들어 낸 것이지요. 우리 아이를 지켜 내는 일이 곧 내 아이를 지켜 내는 일이 됩니다. 그러니 아이 앞에서 아이 친구를 함부로 평가하지 말아 주세요. 지금 보이는 한 면이 그 친구의 전부가 아닐 때가 많습니다.

아이들에게는 부모나 교사가 이해할 수 없는 그들만의 세상이 있고 관계가 있고 규칙이 있습니다. 그 또래만이 가질 수 있는 가치도 있지요.

"지금은 우습지만, 어릴 때 나한테는 세상에서 구슬이 제일 중요했어."

저의 초등학교 시절 친구 하나는 이렇게 고백한 적이 있습니다.

또 이렇게 학교 폭력을 걱정해야 하는 세태를 당장 바로잡을 수는 없지만 내가 바뀌는 것에서 시작할 수는 있습니다. 세상을 바꾸기는 어렵지만 내가 바뀌는 일은 그래도 가능합니다. "내가 먼저 좋은 친구가 됩니다." 우리 교실 입구에 붙여 놓은 우리들의 약속이고 다짐입니다. 내가 먼저 조금 더 친절하게, 내가 먼저 조금 더 양보하는 삶을 선택하면 됩니다. 서로 내가 먼저 좋은 친구가 되면 '피해자', '가해자'라는 말을 쓸 필요가 없어지겠지요. 이런 변화는 더디지만 더욱 근본적인 해결책이 될 것입니다. 많은 부모님들이 이런 점을 잊지 않고 가정에서부터 아이를 이끌어 주시면 좋겠습니다.

31

친구의 기분이 나쁠 때는 이렇게 해 보세요!

1학년이 1학년에게 전하는 꿀팁!

친구의 기분이나 감정이 어떤지 물어보고 기분을 풀어 주어야 해. 일단 친구를 이해해 주는 말을 하고 달래 주거나 격려를 해야 하는데, 그럼에도 여전히 기분이 나쁠 수도 있어. 그럴 땐 혼자만의 시간이 필요한 거야. 시간이 좀 지났을 때 말을 걸면 돼. 나도 기분이 나빴을 때 혼자 있었더니 좀 나아지더라. 친구하고 항상 잘 지낼 수는 없지만 문제가 생기더라도 마음에 쌓아 두지 않아야 좋은 관계를 계속 이어 나갈 수 있겠지? 특히 나 때문이라면 즉시 미안하다고 해야 해. 윤수임 친구가 속상해하거나 기분이 나쁠 때 보이는 아이들의 모습은 가끔 아주 어른스럽습니다. 일단 친구를 달래 주거나 격려하거나 이해하고 공감해 주려 합니다. 그래도 친구의 기분이 나아지지 않으면 혼자 시간을 갖도록 내버려 둡니다. 그리고 시간이 조금 지난 후에 다시 도움의 손길을 내밀어 보지요.

사람은 누구나 혼자만의 시간이 필요하며, 때로는 그 시간만이 상처받은 마음을 위로할 수 있습니다. 그렇다고 그 시간 속에 영영 머물 수는 없지요. 다시 누군가의 손을 잡아야 합니다. 이런 심오한 삶의 진리를 여덟 살짜리도 알고 있는 것입니다.

앞서 수임이는 "친구하고 항상 잘 지낼 수는 없지만, 문제가 생기더라도 마음에 쌓아 두지 않아야 좋은 관계를 이어 나갈 수 있다"라고 했습니다. 어느 교육 전문가보다 딱 부러지는 조언입니다. 그 일에 자신이 관여되어 있다면 즉시 사과를 해야 한다는 말까지 덧붙였습니다.

수임이의 글을 읽고 나니 더 이상 할 말이 없어집니다. 이래서 아이는 어른의 스승이라고 하나 봅니다. 그러니 되도록이면 아이들이 스스로 문제를 해결해 나가길 바라는 마음을 갖고 아이들에게 다가가야 하겠지요.

"선생님 도움이 필요한 일인가요? 그렇지 않으면 혼자 해결해 볼 수 있나요?"

뭔가가 제대로 안 돼서 짜증과 좌절감을 표현하는 아이를 보면 저는 먼저 이렇게 묻습니다. 이때 아이가 혼자 해결해 보겠다고 하면 조용히 물러섭니다.

"혼자 해 보고 어려우면 꼭 선생님을 불러요. 도와 달라고 하세요."

이 말이면 아이에게 충분합니다. 곧 찔끔거리던 눈물을 그치고 다시 활동에 참여하는 경우가 많습니다. 아이의 표정을 살펴보고 시간이 좀 더 흐른 후에 다시 물어봅니다.

"괜찮아요? 해결되었어요?"

이런 대화의 끝은 잘했어요, 애썼어요 등의 칭찬으로 마무리될 때가 많습니다. 그래도 다음 날 또 속상한 일이 생기지요. 그럼 또 해결하면 됩니다.

아이의 일에 교사가 어느 정도 개입하는 것이 적절한지 늘 고민하게 됩니다. 부모님께 자녀의 상황을 알리는 데에도 고민이 많습니다.

"대부분의 학교생활을 잘하고 있는데 이런 부분에는 힘들어하네요. 함께 살펴보면 좋겠습니다."

이런 말씀을 드리면 마치 큰일 난 것처럼 아이를 다그치고 과한 반응을 하는 부모님들이 계십니다. 어떤 부분에 문제가 있든 어떤 부분이 부족하든 보통은 다 자라면서 흔히 겪는 성장의 과정입니다. 어떻게 지혜롭게 대처할까 한 걸음 옆에서 지켜봐 주고 울타리가 되어 주시면 좋겠습니다.

어떤 공동체에 아무 일도 일어나지 않는 것은 불가능합니다. 아이가 아픔 없이 성장할 수는 없습니다. 개인과 공동체가 문제와 갈등을 어떻게 해결하며 성장해 나가느냐가 중요합니다. 그 길에서 지혜로운 부모와 교사가 되어 주어야겠지요.

교육이라는 이름으로 한 많은 말과 행동이 과연 교육이었는지, 혹시 지나친 보살핌은 아니었는지 돌아보아야 합니다. 어른들이 고민하면 아이들은 그만큼 더 잘 자라겠지요. 고맙고 다행스러운 일입니다.

담임 선생님의 평가와 조언을 얼마나 신뢰할 수 있을까요?

3월의 1학년 교실에는 학생이 없습니다. 그냥 어린아이만 가득 앉아 있습니다. 배움의 열정은 있으나 아직 학생은 아닙니다.

"선생님, 우유 따 주세요. 안 열려요."

아이의 요청에 친절한 눈빛으로 우유갑을 열어 줍니다. 다음 날, 우유 마시는 시간이면 많은 아이들이 우유갑을 들고 교사 앞에 줄을 섭니다.

오늘도 평화롭게 수업이 시작됩니다. 한 아이가 울고 있습니다. 다가가 이유를 물었더니, 친구가 자기 색연필을 가져가 돌려주지 않는답니다. 두 아이 모두 색연필이 자신의 것이라고 말합니다. 그래서 어떻게 색연필을 가지게 되었는지 물어보았습니다. 울던 아이는 그냥 집에서부터 자기 필통 속에 있었다고 합니다. 다른 아이는 책상 옆에 떨어져 있는 것을 주웠으니 자기 것이라고 합니다. 양쪽 주장이 팽팽합니다.

이런 곳이 3월의 1학년 교실입니다. 1학년 담임을 하면 화장실을 제때 갈 수 없습니다. 쉬는 시간에 잠시 화장실에 가면 교실과 복도에서 울리는 아이들 목소리가 화장실까지 들립니다. 제대로 볼일을 볼 수도 없습니다. 쉬는 시간에도 잠시만 눈을 떼면 뒷문을 열다가 손가락을 다치는 아이가 생깁니다.

"여러분, 수학 시간이에요. 수학책 봅시다."

많은 아이들이 제 책상으로 다가와서 수학책을 두고 들어갑니다. 자기 책상 위에 두고 봐야 할지, 선생님이 볼 수 있도록 해야 할지 구분하는 것은 여덟 살에게 꽤 힘든 일입니다.

이런 교실에서 아이들과 살아 내야 하는 사람이 1학년 담임입니다. 아이들의 강점과 약점을 모르려야 모를 수가 없겠지요. 교사는 그렇게 아이에 대해 파악하고 공부하고 성장을 응원합니다.

우리는 병원에 가면 의사의 진단을 신뢰합니다. 의사가 젊든 나이 들었든 '맹장염'이라고 말하면 의심하지 않고 믿지요. 마찬가지로 교사의 진단을 신뢰해 주세요. 교사는 교실 안 아이들에 관한 '전문가'입니다.

아이들은 부모가 가진 가치관과 판단 기준을 깊이 믿습니다. 교사에 대한 부모님의 신뢰는 교사를 향한 아이의 태도에 영향을 미치지요.

"우리 엄마가 그러는데 우리 선생님은 별로래."

학부모님으로부터 신뢰나 존경을 받지 못하는 교사에게서 아이들은 아무것도 배우지 못합니다. 존경과 신뢰 없이 훈련을 받을 수 있을지는 몰라도 교육을 받을 수는 없기 때문입니다.

32

친구가 많이 생기는 나만의 방법!

1학년이 1학년에게 전하는 꿀팁!

첫째, 배려를 실천합니다. 둘째, 친구가 어려울 때 도와줍니다. 셋째, 고운 말을 사용합니다. 넷째, 내가 먼저 말을 걸고 칭찬을 많이 합니다. 다섯째, 운동장에서 같이 놀자고 하고 사이좋게 놉니다.

송지환

인사만 잘해도 된다. 인사를 하면 받는 사람은 기분이 좋아지고 그러면서 대화도 나누고 점점 가까워질 수 있다. 언젠가는 남이 먼저 인사를 해 주는 일도 생긴다. 인사는 친구 사귀고 어울리는 데 상당히 도움이 된다.

김민주

“자기가 쓴 글을 보여 주고 싶은 친구에게 읽어 주세요. 글을 듣고 서로 칭찬해 줍니다. 세 명의 친구를 만나고 자기 자리로 돌아오세요.”

국어 수업 시간에 짧은 글 한 편을 완성하게 한 뒤 저는 이렇게 말했습니다.

곧 아이들이 친구를 찾아 나섭니다. 단짝 친구를 쉽게 찾아가는 아이도 있고, 벌써 세 번째 친구 앞에서 글을 읽고 있는 아이도 있습니다. 누구에게라도 다가가면 되지 않느냐고 생각하기 쉽지요. 하지만 사실 이것은 어른에게도 쉽지 않은 일입니다. 당연히 어떻게 해야 할지 몰라 서성이는 아이도 보이지요.

“나랑 바꿔 읽을래?”

용기를 내 말해 보지만 상대방은 다른 친구에게로 휙 가 버립니다. 서른 명 안팎의 아이들과 함께 생활하지만 한 명의 친구를 찾기도 어려운 아이들이 교실에는 항상 있습니다.

"선생님, 친구들이 나랑 안 놀아 줘요."

"음, 이유가 뭘까요? 먼저 자기 삶의 태도를 돌아볼까요?"

아이에게는 아주 어려운 주문입니다. 하지만 아이들도 자신의 모습을 직시할 기회를 가져야 합니다. 요즘엔 형제자매가 적은 가정 환경에서 자라고 골목에서 친구들과 자유롭게 노는 경험을 거의 하지 못하지요. 누군가를 향해 다가가서 친구가 되고 함께 생각을 나누는 건 이런 아이들에게 어려운 과제입니다.

그 과제 앞에 섰을 때 아이들은 고민하게 됩니다. 때론 상처를 받고 힘들어하기도 합니다. 하지만 그 힘듦을 통해, 또 그 힘듦을 이겨 내면서 친구와 관계 맺기를 시도해 보아야 합니다. 이것은 제가 교실에서 이런 '자유 짝 활동'을 자주 하는 이유이기도 합니다.

이 활동은 힘들지만 또 다른 배움을 가져다줍니다. 함께 이야기 나눌 친구를 못 찾는 원인은 다양합니다. 아이가 원래 혼자 있기를 좋아할 수도 있고, 규칙을 자주 어겨 다른 아이들이 꺼릴 수도 있고, 잘난 체해서 부담스러워할 수도 있으며, 배려하는 태도가 다른 또래에 비해 부족할 수도 있습니다.

이런 점을 받아들이고 거기에서 출발해서 문제를 해결해 나가면 됩니다. 문제는 적극적으로 직면함으로써 해결할 수 있습니다. 심각한 상황이라면 학부모님 상담을 통해 함께 방법을 찾기도 합니다. 그것이 공부입니다. 그래야 함께 살아갈 능력이 길러집니다.

"내 삶의 태도를 돌아봅시다."

1학년 교실에서 제가 자주 하는 이 말은, 삶이 힘들 때 저 자신에게 하는 말이기도 합니다.

12. 무조건 친구 뜻대로 하는 아이에게 뭐라고 말해 줘야 할까요?

"선생님과 싸워서 학교 가기 싫어."

학부모로 지낼 때도 교사로 지낼 때도 이런 아이를 본 적은 없습니다. 아이가 학교생활이 재미있다는 것도, 학교생활이 힘들다는 것도 보통은 한 가지 이유 때문입니다. 바로 친구 관계이지요.

교실에는 다양한 아이들이 함께 있습니다. 재미있는 말로 친구들을 잘 웃게 하는 재치 있는 아이도 있고, 조용하게 자기 할 일만 하는 아이도 있습니다. 사사건건 친구 일에 나서서 간섭하는 아이도 있고, 묵묵히 친구를 도와주는 아이도 있지요. 느긋하고 여유롭게 친구들의 말을 잘 들어 주는 아이도 있고, 자신의 주장이 너무 강해 친구들이 버거워하는 아이도 있습니다.

이런 서로 다른 아이들이 함께 살아가는 교실에서 친구 관계를 살펴보는 것은 흥미롭고도 아주 중요한 일입니다. 아이들 중에는 친구의 의견에 쉽게 동의하는 아이도 있고, 친구의 생각에 잘 따라 주는 아이도 있지요. 그런데 자세히 보면 무조건 친구 뜻대로 하는 아이는 거의 없습니다. 그런 것처럼 보이지만 그 아이와 이야기를 해 보면, 그건 그 아이의 선택일 때가 많지요.

아이의 친구 관계를 어른의 시선으로 쉽게 평가해서는 안 됩니다. 내 아이가 어떤 면에서 그 친구를 잘 따를까? 너그러운 배려 때문일까? 주도적으로 관계를 이끌어 가기 때문일까? 그런 내 아이의 마음은 편안할까? 그 친구를 부러워하는 마음일까? 아이와 함께 깊은 이야기를 해 보고 주의 깊게 살펴보는 것이 우선입니다.

이런 과정을 거치고도 아이가 친구에게 휘둘리는 것 같다는 결론에 도달할 수 있습니다. 친구를 잃을까 봐 두려워해서일 수도 있고, 용기가 부족해서일 수도 있고, 자기 생각을 말하는 언어 능력이 부족해서일 수도 있겠지요. 이럴 때는 자기주장을 할 수 있는 힘과 주체성을 키워 주세요. 그림책이나 영화를 보고 함께 이야기를 나누고 적절한 신체 활동을 하도록 도와주세요. 운동을 통해 무언가를 꾸준히 하거나 자신의 한계를 넘는 경험을 하면 자신감이 생기고 체력뿐 아니라 정신도 그만큼 강해집니다.

체크리스트

우리 아이는 친구들과 잘 지내고 있을까요?

1. 자녀 앞에서 자녀의 친구를 긍정적으로 표현하나요? ☐
2. 도움 요청과 고자질을 구분하여 알려 주고 있나요? ☐
3. 관심의 표현과 놀리는 장난을 구분하여 알려 주고 있나요? ☐
4. 자녀가 베풀며 살아갈 수 있도록 기회를 주나요? ☐
5. 작은 돈이라도 자녀와 함께 꾸준히 기부를 실천하나요? ☐
6. 자녀에게 스트레스 자기 관리 능력을 기르는 방법을 알려 주나요? ☐
7. 자녀의 친구를 초대하거나 그 밖에 함께 놀 수 있는 기회를 만들어 주나요? ☐

'우리 아이' 가운데 '내 아이'도 있습니다. 학교는 친구를 통해 행복한 공간이 되기도 하고 힘든 공간이 되기도 합니다. "내가 먼저 좋은 친구가 됩니다." 우리 반의 약속입니다. 넘어진 친구에게 다가가 괜찮으냐고 물으며 손을 내밀 수 있는 아이, 내 행동이나 말에 상처받은 친구에게 진심으로 사과할 수 있는 아이, 함께 놀고 함께 공부하는 친구의 소중함을 아는 아이로 자녀가 자란다면 좋겠지요. 이를 위해서는 부모님의 잣대가 정의로워야 합니다. 부모님의 마음이 세상을 향해 따뜻해야 합니다. 내 아이의 잘못에는 "아이들이 자라면서 그럴 수도 있지!"라고 하고 아이 친구의 잘못에는 "어떻게 그런 짓을 할 수가 있지?"라고 한다면 아이는 먼저 좋은 친구가 될 수 없습니다. 먼저 좋은 친구가 되어 주는 아이가 사회에 나와서도 원만한 인간관계를 맺겠지요. 아이가 학교에서, 나중에는 사회에서 잘 성장할 수 있도록 지혜로운 부모님이 되어 주세요.

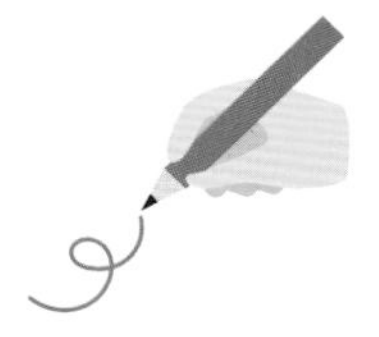

PART 4

가르침을 멈출 때 배움이 시작된다

놀이가 어떻게 공부가 될까요?

33

우리 학교 놀이터 사용 설명서!

1학년이 1학년에게 전하는 꿀팁!

첫째, 미끄럼틀을 올바르게 탄다. 미끄럼틀은 내려가는 것이므로 거꾸로 올라가는 행동을 하면 안 된다. 내려가는 친구와 부딪힐 수 있기 때문이다. 둘째, 구름사다리 위에 올라가서 장난치면 안 된다. 높은 곳이기 때문에 장난치다가 다친다. 셋째, 철봉에 오래 매달리면 안 된다. 갑자기 팔에 힘이 빠지면 떨어진다. 넷째, 친구한테 모래를 뿌리지 않는다. 제일 하면 안 되는 행동이라 생각한다. 그런 친구가 보이면 선생님께 바로 얘기하자.

한서효

『놀이터, 위험해야 안전하다』라는 책이 있습니다. 놀이가 아이들의 '밥'이라는 놀이 전문가 편해문이 과잉보호에 내몰리는 대한민국 아이들을 위해 쓴 책으로, 조금 위험해 보이고 다소 도전적으로 보이는 놀이터에서 놀 때 아이들은 스스로 안전에 더 집중하게 된다는 내용입니다. 위험을 스스로 겪지 않고는 아이들이 성장할 수 없다는 이야기이지요.

작은 위험이 있는 놀이터가 안전한 놀이터입니다. 작은 위험에 노출되었을 때 언젠가 만나게 될지 모를 큰 위험에서 안전하게 살아남을 수 있습니다. 매달려 보고, 올라가 보고, 숨어 보고, 미끄러져 볼 수 있는 놀이터가 필요합니다. 꽃과 나무가 있고 풀이 자라고 숨을 곳이 있는 놀이터, 친구와 나란히 손잡고 작은 동산을 걸을 수 있는 놀이터가 아이들에게 충분히 주어지기 바랍니다. 교육은 겪어 보는 것입니다.

다행히 초등학교에는 운동장이 있습니다. 입학 전까지 주로 실내놀이에 익숙해져 있던 아이들은 큰 운동장에 감동합니다. 물론 운동장에 있는 놀이터를 좋아하지요. 자유 놀이 시간을 주면 한곳에 모여 놀기도 하고, 몇몇이 무리를 지어 혹은 혼자 떨어져서 놀기도 합니다. 맨발놀이를 할 수 있는 아침 시간, 아이들은 전깃줄에 앉은 참새처럼 옹기종기 정글짐에 앉습니다. 그리고 뭐가 그리 즐거운지 짹짹짹, 깔깔깔 합니다.

부모님들은 놀이터에서 마냥 놀면 공부는 언제 하느냐고 걱정하시지만 아이들은 놀이를 통해 많은 것을 배웁니다. 유연성, 체력, 근력, 균형 감각 등 신체 능력도 키우고 건강도 증진시키며, 규칙을 지키고 인내하며 도전하는 자세도 가지게 됩니다. 친구와의 놀이를 통해 우정을 쌓고 상상력을 기르기도 하지요.

이뿐만이 아닙니다. 놀이에서 벌어지는 상황을 맞닥뜨리며 문제 해결력을 기르기도 합니다. 아이들은 하늘이 보이는 놀이터에서 자랍니다. 놀이에 몰입하면서 아이들의 뇌는 더 발달합니다. 가장 좋은 교실은 자연입니다. 가장 좋은 공부는 놀이입니다. 잊지 말아 주세요.

코로나19 시대, 정서와 사회성은 어떻게 길러 줘야 할까요?

"여러분, 거리 유지하고 놀아요."

제가 말해 놓고도 민망할 지경이지만 어쩔 수 없습니다. 안전이 먼저니까요. 이런 상황을 겪어 보니 교실에서 또래 친구의 힘이 얼마나 강력한 것인지 실감합니다. 이제껏 아이들이 배우고 깨닫는 데 교사인 저의 역할이 큰 줄 알았는데 꼭 그런 것만은 아니었나 봅니다. 코로나19 때문에 조심해야 하지만, 코로나19 때문에 친구의 소중함을 더 크게 알게 됩니다.

우리 반에는 다리가 불편한 아이가 있습니다. 혼자 서는 것이 힘든 아이입니다. 그런데 그 아이가 친구들의 응원 속에 혼자 미끄럼틀을 오릅니다. 한 칸씩 성공할 때마다 박수가 쏟아집니다. 아이는 있는 힘을 다해 천천히 오릅니다. 매일매일 속도가 조금씩 빨라집니다. 이렇게 또래가 함께하는 시간은 다른 것으로 채울 수 없는 힘을 가지고 있습니다.

"선생님, 몇 쪽 펴요?"

어깨너머로 친구의 책을 슬쩍 보거나 친구의 도움을 받으면 금방 해결될 일을 지금은 열 번이고 스무 번이고 한 명 한 명에게 다가가 도와주어야 합니다. 교과서를 다 펴는 데만 한참이 걸립니다. 코로나19가 바꾸어 놓은 세상 속에서 인간답게 관계 맺고 살아가는 길을 빨리 찾아야 하겠습니다. 아이들이 어울려 공부하며 놀 수 있는 시간과 공간을 마련해 주는 데 어른들이 더 많이 마음을 모아야겠습니다.

이러한 상황에서 아이들의 정서적 안정을 도모하고 사회성을 길러 주려면 더욱 세심한 배려가 필요합니다. 가족과 함께 지내는 시간을 늘리고 그 시간 동안 충분히 소통을 할 수 있도록 해 주세요. 가족 독서, 가족 문화 · 예술 즐기기, 운동 같이 하기 등의 프로그램에 도전해 보면 좋겠습니다. 가정 안에서 아이에게 알맞은 역할을 주고 관심을 보이며 소속감과 가족의 유대감을 높이는 것도 한 방법입니다. 소규모의 이웃이나 친구와 깊은 만남을 할 수 있는 기회를 주고, 온라인으로 친구를 만나고 이야기 나눌 수 있는 바른 방법을 함께 익혀 보는 일도 추천합니다.

34

쉬는 시간,
이런 놀이를 할 수 있어요!

1학년이 1학년에게 전하는 꿀팁!

어떻게 하면 쉬는 시간을 잘 보낼 수 있을까? 난 그림 대결 놀이를 추천한다. 그림 대결을 한다. 개인전이다. 1 대 1이나 2 대 2 정도가 좋다. 가위바위보를 해서 이긴 사람이 그리자고 하는 그림을 그리면 되는 놀이이다. 예를 들어, 이긴 친구가 '공룡'을 말하면 공책에 그리고 싶은 공룡을 그리면 된다. 제한 시간은 쉬는 시간 동안이다. 이게 재미있는 건, 짧은 시간 안에 그리는 것이니까 그림을 잘 못 그리는 친구가 잘 그리는 친구를 이길 수도 있기 때문이다. 제한 시간이 끝나면 심판(선생님)에게 보여 주고 승자를 가리면 된다. 선생님은 충분히 심판이 되어 주실 거다.

신승윤

"지금 교실에서 배우는 지식은 이들이 사십 대, 오십 대가 되었을 때 대부분은 전혀 사용되지 않을 것이다. 단지 놀거나 쉬는 시간에 배운 내용만 남아 있을 것이다."

역사학자 유발 하라리는 세계적 베스트셀러 『사피엔스』에서 이렇게 말했습니다. 이 말이 사실이라고 단정 지을 수는 없어도, 수업 시간에 배운 지식만으로 살아갈 수 없는 세상이 가까이 왔음을 느낍니다.

코로나19로 학교는 쉬는 시간을 줄였습니다. 짧은 쉬는 시간 동안 앞 시간에 배운 것을 정리하고 다음 시간의 수업 준비를 해야 합니다. 화장실을 다녀오고 손도 씻어야 합니다. 쉬는 시간은 이름처럼 온전히 쉴 수 있는 시간이 아닙니다.

하지만 아이들에게 쉬는 시간은 놀이 시간이어야 합니다. 우리 반 아이들은 짧은 틈새를 나름대로 즐기고 있지요. 아이들이 쓴 글을 보면 쉬는 시간에 할 수 있는 놀이가 생각보다 다양합니다.

쉬는 시간의 특징은 그 시간의 주도권이 아이에게 있다는 것입니다. 지금 제가 근무하고 있는 학교는 둘째 시간을 마쳤을 때 20분의 놀이 시간이 주어집니다. 아이들은 그 시간을 어떻게 보낼지 친구와 함께 의논하고 결정하고 행동합니다. 사실 아이들이 이런 과정을 거쳐 충분히 놀 수 있으려면 최소한 30분의 시간이 필요하다고 놀이 전문가들은 이야기합니다. 아이들은 기획에서 실천까지 스스로 해 보고, 그 경험에서 미래를 살아 내는 법을 배웁니다.

그래서 초등학교 건물은 단층이면 좋겠습니다. 아무리 양보해도 2층 이상은 아니었으면 좋겠습니다. 쉬는 시간이면 아이들이 잠시라도 밖으로 뛰어나가 숨을 돌릴 수 있어야 하니까요. 짧은 쉬는 시간은 아쉽지만, 학교에서 놀이 시간을 30분 주는 것은 현실적으로 어렵습니다.

저는 궁리 끝에 수업 시간을 쉬는 시간처럼 보낼 수 있게 해 주기로 했습니다. 기획과 실행을 직접 할 수 있게 주도권을 아이들에게 주기로 했지요. 그리고 무엇을 배울지, 어떻게 배울지 스스로 생각할 수 있도록 도와주었습니다.

초등학교 교육 과정에서도 그렇게 하라고 권장하고 있습니다. '학생 삶 중심 수업', '학생 주도 수업', '프로젝트 수업'이라는 이름으로 알 수

있듯이 수업의 성격이 바뀌고 있습니다. 생각을 바꾸면 수업 시간도 쉬는 시간처럼 학생이 즐기며 보낼 수 있지요.

아이들이 게임을 좋아하는 이유는 게임의 주도권을 자기가 가지고 있기 때문입니다. 만약에 어른들의 지시로, 혹은 꼭 해야 하는 숙제로 게임을 해야 한다면 재미있을까요? 게임의 실력을 일정 기간 안에 일정 수준까지 올려야 한다고 강제하면 게임을 계속하고 싶어 하는 아이는 없을 것입니다.

자기 결정권을 가지는 것은 놀이에서도 필요하고 공부에서도 필요합니다. 수업 시간에 무기력하게 있다가 쉬는 시간이 되면 몸과 마음이 깨어나는 아이들이 있습니다. 이런 광경을 보면 교육이 어떤 모습이어야 하는지 다시 생각해 보게 됩니다.

공부는 안 하고 계속 놀고만 싶어 하면 어떻게 해야 하나요?

"유년기, 청소년기에 자기 주도하에 배가 고프면서 놀이에 빠져 본 적이 없는 아이는 청소년과 성인이 되어서 몰입할 가능성이 없다."

저명한 철학자이자 수학자인 알프레드 화이트헤드가 그의 저서 『교육의 목적』에서 한 말입니다. 열세 살 이전에 오랫동안 놀이에 몰입한 경험이 없는 사람은 성인이 되어 한 분야의 전문가가 되기 힘들다는 뜻이지요.

가장 좋은 공부는 놀이입니다. '공부는 안 한다'고 할 때의 공부는 무엇인가요? '놀고만 싶어 한다'고 할 때의 놀이는 어떤 것일까요? 놀이처럼 하는 공부를 찾고 공부처럼 하는 놀이를 찾으면 됩니다. 아주 많습니다. 우리 반이 공부하는 모습을 소개합니다.

학습의 장소를 교실에서 뜰로 옮기면 아이들은 공부를 놀이로 여깁니다. 먼저 등교한 아이들은 학교 화단의 식물을 관찰합니다. 해바라기, 작두콩, 가지, 옥수수, 방울토마토, 감자가 자라고 있습니다. 아이들은 여러 다양한 식물의 성장에 관심을 가질 기회를 접합니다.

아이들이 다 도착하면 아침 인사 나누기를 합니다. "안녕하세요" 같은 습관적인 인사말 말고 다양한 마음의 표현을 해 보기로 합니다. 아이들은 처음에는 쑥스러워하지만 이내 자기만의 인사말을 찾아냅니다. 자신의 마음을 언어로 자유롭게 구사하는 것은 국어 과목의 중요한 학습 목표입니다.

이제 '학교 뜰 관찰'이라는 제목을 붙인 공책을 준비하여 화단에서 본 식물 이름을 천천히 씁니다. 그러고 나서 마음에 드는 식물을 세 개 골라 천천히 이름을 말하고 친구의 의견을 듣고 차이점을 찾아보기도 합니다.

학교 뒤뜰에서 발견한 자귀나무의 잎과 꽃을 관찰하여 그림을 그립니다. 꽃과 잎의 특징을 설명해 보는 시간이 이어집니다. 곧 휴식 시간이 되면, 기지개도 켜고 뒤꿈치 들기, 뛰기 등의 몸풀기를 합니다. 국어 공부와 통합 교과 수업을 마쳤지만 아이들은 즐겁습니다.

학습 도구를 조금만 바꾸어도 아이들은 놀이로 여깁니다. 골든벨 판에 보드마카를 이용해 자음자와 모음자로 이루어진 글자 쓰기 놀이를 합니다. 공책에 연필로 쓸 때보다 재미있어합니다. 자음자를 쓴 후 모음자를 오른쪽에 써야 하는 '아', '지', '가' 등의 글자를 쓰고, 자음자를 쓰고 모음자를 아래쪽에 써야 하는 '모', '소', '구' 등의 글자를 써 봅니다. 그다음 자라, 노루, 토끼, 아버지를 찾아서 쓰는 국어책의 문제를 해결합니다.

돗자리를 펴고 교과서 읽기도 합니다. 먼저 책상과 의자를 복도로 옮깁니다. 줄을 맞추어 책상과 의자를 정리하고 텅 빈 교실 바닥을 쓸지요. 아이들이 모두 힘을 합쳐 넓어진 교실을 물걸레로 꼼꼼히 닦고 교실 바닥에 돗자리를 깝니다. 책상과 의자를 옮기는 일이 힘들지만 그 후에

펼쳐질 활동이 재미있다는 것을 아는 아이들은 그마저도 놀이처럼 즐깁니다.

순식간에 교실은 새로운 공간이 됩니다. 아이들은 실내화를 벗고 돗자리에 엎드려 책을 읽습니다. 곧 옹기종기 모여 읽은 책의 내용을 이야기 나눕니다. 이렇게 글 읽기와 생각 나누기를 합니다. 아이들은 교실 환경이 약간만 바뀌어도 마치 멀리 여행이라도 온 듯 신나게 공부합니다.

공부라고 하면 흔히 엄청난 것이라고 여기기 쉽지만 이런 것이 모두 공부입니다. 단순히 학습지를 풀고 머릿속에 종이 위에 쓰인 글자를 집어넣는 것은 좋은 공부가 아닙니다. 진짜 공부가 무엇인지, 어떤 공부가 아이의 삶을 풍요롭게 하는 역량이 될 것인지 모두 다시 한번 생각해 보면 좋겠습니다. 1학년의 교실에서는 놀이와 공부 사이에 경계가 없습니다.

35

운동장 놀이는 이렇게 해 보세요!

1학년이 1학년에게 전하는 꿀팁! 

운동장에서 재미있게 놀려면 이어달리기를 하는 날에는 이어달리기를 하면 된다. 이어달리기를 안 하는 날에는 비석치기를 추천한다. 비석치기는 주변에 있는 큰 돌과 작은 돌만 주워도 여럿이서 쉽게 할 수 있다. 선생님께 비석치기를 하고 싶다고 나무비석을 빌릴 수 있는지 여쭤보면 빌려주신다. 또 다른 것은 달팽이놀이를 추천한다. 달팽이 몸처럼 꼬불꼬불한 트랙을 크게 그리기만 해도 바로 할 수 있다. 안쪽팀과 바깥쪽팀으로 나누고 가위바위보를 해서 상대팀까지 트랙을 돌면 이기는 게임이다. 지면 다음 친구가 빨리 뛰면 된다. 운동도 되고 재미도 있고 일석이조이다.

한서효

건축가 유현준은 그의 저서에서 천장이 높은 건물에서 창의성이 커진다며 우리나라 교실의 천장 높이가 낮다고 걱정했습니다. 천장이 한없이 높은 교실이 바로 운동장입니다. '운동장이 아이를 키운다'는 말도 있지요. 아이들이 자라는 학교의 운동장이 꽃밭이 되고, 놀이터가 되고, 숲이 되는 날이 오면 좋겠습니다.

네모난 학교, 네모난 학원, 네모난 아파트를 오가며 살아야 하는 아이들이 안쓰러울 때가 많습니다. 그래서 저는 우리 반 아이들과 매일 운동장으로 나갑니다. 운동장에서 할 수 있는 놀이는 너무나 많지요. '놀이'라고 표현하지만 사실은 중요한 공부들입니다. 교실을 벗어나 밖으로 나가면 생각이 달라집니다. 눈빛이 반짝입니다. 아이들은 땅을 좋아합니다.

몇 해 전, 1학년 담임을 할 때 하루에 100분 정도 놀이 시간을 가질 수 있었습니다. 교실 앞뜰과 뒤뜰로 쉽게 나갈 수 있었기 때문이지요. 아이들은 누가 시키지 않아도 점점 일찍 학교에 왔습니다. 아침부터 줄넘기를 뛰고 식물이나 작은 곤충을 관찰하며 충분히 놀았지요.

신기하게도, 그해 2학기가 되었을 무렵 아이들 간의 다툼이 거의 없어졌습니다. 놀이 시간에 관찰한 것은 그림으로 그리거나 한 문장으로 표현했는데, 그러는 사이 아이들의 기초학력이 몰라보게 좋아졌습니다. 저학년 담임을 하면 그냥 놀게 해 주는 것이 얼마나 필요한 일인지 절실히 느낍니다.

놀이의 힘은 자발성입니다. 교사가 지시와 안내를 하는 것이 아니라 함께 놀아야 참된 놀이입니다. 아이의 교육은 놀이를 빼놓고는 이야기할 수 없습니다. 부모와 교사는 아이가 평생 쓸 몸과 마음을 가꿔 주는 사람입니다.

'아이들의 폭력성이 증가한다', '학교 폭력이 걱정이다' 같은 내용의 뉴스를 보면 마음이 무거워집니다. 땅에서, 숲에서, 나무와 풀과 온전히 놀 수 있는 기회를 박탈당한 아이들이 드디어 어른들에게 엄청난 반격을 가하고 있는 건 아닐까요?

모든 생명체는 온전히 살고 싶어 하며, 그렇게 하기 위한 '프로그램'을 이미 갖추고 태어납니다. 그러니 자발적인 놀이 시간을 빼앗긴 아이들이 힘들어하는 것은 당연한 현상인지도 모릅니다. 그런 아이들을 수업이라는 40분의 틀 속에 억지로 욱여넣으면서 교육이라고 우기고 있지는 않는지 반성합니다.

아이들은 달리고 싶어 합니다. 공놀이도 즐거워하고 옷깃을 스치는 바람도 좋아합니다. 미세 먼지, 폭염 주의보 등 여러 이유로 운동장에 못 나가는 날이면, 아이들은 운동장을 내다보며 하루 종일 그리워합니다. 운동장에 데리고 가기만 하면 됩니다. 아이들은 스스로 배울 수 있는 능력을 충분히 가진 존재들입니다.

아이의 학교생활에 대해 알고 싶으면 어떻게 해야 하나요?

"넌 쉬어. 엄마가 다 해 줄게."

부모로서 자녀가 힘들어하는 모습을 보는 것은 안타까운 일입니다. 하지만 부모가 인생을 대신 살아 줄 수는 없지요. 요즘에는 특히 먼발치에서 응원하며 기다려 주는 부모가 절실히 필요한 세상입니다. 자신의 힘으로 학교에 잘 다닐 수 있도록 돕는 큰 울타리가 되어 주어야 합니다.

1학년 담임을 하다 보면 반 아이들 부모님이 교실에 함께 있는 것처럼 느껴질 때가 있습니다. 부모님의 염려와 걱정이 교실까지 따라와서 함께하는 듯합니다. 그래서인지 몸은 떨어져서 교실에 앉아 있지만 그림에 색을 하나 더할 때도 부모님을 의식하는 아이들도 있습니다.

어느 겨울날, 우리 반이 운동장으로 나갔을 때 한 아이가 말했습니다.

"선생님, 엄마가 오늘은 밖에 나가지 말라고 했어요. 춥다고요."

"그래, 별이는 어때요? 운동장에 나와 보니까 어떤 것 같아요?"

아이는 괜찮다고 합니다. 방한이 잘되는 옷을 입고 온 데다 충분히 바깥놀이를 할 수 있을 만큼 따뜻한 날이었으니까요.

학교생활의 주도권을 아이에게 주면 아이는 스스로 나름의 판단을 내립니다. 부모님이 자녀의 학교생활에 관심을 갖지 말라는 뜻이 아닙니다. 부모님이라면 당연히 관심을 가져야 되지요. 아이의 학교생활이 궁금하신 마음은 같은 부모로서 깊이 공감합니다. 아이가 하루 중 많은 시간을 보내는 교실에서 어떻게 지내는지 알고 싶으실 것입니다.

하지만 자녀를 통해 학교생활을 객관적으로 파악하는 데에는 어려움이 따를 수 있습니다. 아이가 말수가 적은 성향일 수도 있고, 자세하게 전달하지 못할 수도 있으니까요. 그래서 학교에서는 학기별 1회 학부모 상담 주간을 운영합니다. 이 기간을 활용하시고 공개 수업 등 학교 행사에 적극적으로 참여하시는 것도 좋은 방법입니다. 특별히 걱정스러운 일이 있을 때는 담임 교사에게 전화를 하실 수도 있겠지요.

저의 경우에는 교단 일기를 써서 학교의 상황을 알려 드리려고 애쓰고 있습니다. 요즘은 많은 교사가 학교생활 모습을 다양한 방법으로 알리려고 노력합니다. 한 학기에 한 번 보내던 생활 통지표도 과정 중심 평가 결과 통지로 바뀌어 예전보다 보내는 횟수가 많아졌습니다.

그래도 역시 더 좋은 방법은 자녀와 깊은 대화를 나누는 것입니다. 자녀의 과제 해결을 도와줄 때 함께 이야기 나누어 보세요. 모든 것을 알려고 해서 아이의 마음을 불편하게 하지 않고 아이가 스스로 자신의 생활에 대해 이야기할 수 있도록 해야겠지요. 이를 위해서는 경청의 태도가 필요합니다. 부모님께 학교 이야기를 하기 싫어하는 아이들에게 이유를 물으면 야단을 맞고 대화가 끝나기 때문이라는 말을 종종 합니다. 자녀의 학교생활에 지나친 간섭이 아닌 따뜻한 관심을 가져 주세요.

36

줄넘기를 잘하는 나만의 방법!

1학년이 1학년에게 전하는 꿀팁!

일단 돌리기 쉬운 가벼운 줄로 한다. 그리고 살짝 점프해서 안 걸리기 연습을 하고 몇 개 했는지도 매일 세어야 한다. 또 잘하는 친구 옆에서 연습하고 따라 하는 것도 좋다.

박시현

줄은 손목의 힘으로 빠르게 돌린다. 줄이 땅에 닿았을 때 뛰면 잘 안 걸린다. 살짝 뛰면 된다. 연습 많이 해라. 그러면 100번 넘기는 게 어려운 일이 아니다.

김재빈

통합 교과 『봄』 시간에는 운동장 놀이에 대해 배웁니다. 이 교과를 시작하는 4월 초면 우리 반은 줄넘기 오래 뛰기를 장기 과제로 정하고 활동에 들어갑니다. 사전 예고를 하고 4월 말에 기록을 잰 뒤 여가 시간마다 줄넘기를 연습할 기회를 주지요.

아직 하나도 넘지 못하는 학생에게 가장 좋은 선생님은 누구일까요? 바로 며칠 전 0개를 극복하고 2개를 뛸 수 있게 된 친구입니다. 줄넘기는 에너지 소모가 큰 운동입니다. 그래서 종종 아이들을 그늘에 앉아서 잠시 쉬게 하고 친구들 앞에서 도전할 사람을 찾기도 합니다.

아이들은 너도나도 손을 듭니다. 먼저 소극적인 학생 중심으로 기회를 줍니다. 별이가 도전합니다. 현재까지 별이의 1분 최고 기록은 104회입니다. 오늘 처음으로 1분에 160회 넘기에 도전하는 별이의 모습은 한 편의 드라마입니다. 별이가 100개를 넘어서자 아이들은 숨을 죽입니다. 제가 10단위로 개수를 소리 내어 세어 주면 아이들은 두 손을 모읍니다.

"별아 조금만 힘내. 그럼 160개야!"

응원의 목소리에 지켜보는 저도 눈물이 나려고 했는데, 별이는 얼마나 힘이 났을까요? 그 아이는 젖 먹던 힘까지 다해서 최고의 기록을 달성했습니다.

"선생님, 주말에 연습 많이 할게요. 매일 100번씩 뛸 거예요."

이런 일을 직접 본 아이들이 한껏 자극을 받아 묻지도 않은 다짐을 쏟아 냅니다.

6월이 되었을 때 우리 반 아이들의 줄넘기 실력은 믿을 수 없을 만큼 좋아졌습니다. 1분에 160회를 뛰겠다는 목표는 다리를 다친 한 명을 제외하고 모두 거뜬히 통과했습니다. 1분에 200회를 넘긴 아이들도 많았습니다.

"꾸준히 노력했으니까요!"

"친구들이 응원해 주어서요!"

실력이 몰라보게 좋아지게 되었을 때 어떻게 잘 뛰게 되었냐고 물으면, 대부분의 아이가 이렇게 대답합니다. 그렇습니다. 그동안의 노력이 빛을 발한 것입니다. 서로의 성취에 진심으로 응원하고 박수를 보냈기 때문입니다. 하루하루의 작은 노력이 바위를 뚫는 물방울이 된 것입니다.

존경받는 교육 지도자이자 사회 운동가인 파커 파머는 교과 속의 '큰 이야기'가 아이 삶 속의 '작은 이야기'로 연결되지 않으면, 머릿속의 정보적 지식만 커져서 가슴으로 받아들이기가 더욱 어려워진다고 했습니다. 신영복 선생님은 머리에서 가슴으로, 거기서 다시 실천의 발까지 가는 가장 먼 여

행이 공부라고 했지요.

머리에 들어온 정보가 가슴에서 받아들여지고 실천의 발까지 갈 수 있도록 도와주는 수업은 꼭 책상 앞에서 이루어지는 것이 아닙니다. 도전과 성취의 경험이 가능하기에 운동장에서 하는 줄넘기는 좋은 공부가 됩니다. 성공이 힘든 것도 배우고, 노력해도 잘 안 되는 것도 느끼고, 그래도 포기하지 않고 또 노력하면 무언가 된다는 것을 깨닫게 되지요. 그러면서 체력까지 향상되니 더 좋은 공부입니다.

아이가 공교육 체계 안으로 첫발을 디디면 많은 부모님이 대학 입시를 향한 준비가 시작되었다고 생각하십니다. 하지만 배움의 과정 그 자체가 소중한 삶이어야 합니다. 초등학교 시절은 유년의 아름다운 기억으로 자신의 꿈과 세상으로 나아가기 위해 몸과 마음의 기본을 갖추는 시간입니다.

이런 공부는 책상뿐 아니라 교실 구석구석과 운동장, 놀이터, 급식실, 앞뜰과 뒤뜰 등 학교 곳곳에서 이루어지지요. 우리 반 아이들은 오늘도 열심히 줄넘기와 놀고 있습니다. 물방울이 바위를 뚫는 그날을 기다리면서요.

노력 없이 결과만 바라는 아이, 어떻게 해야 할까요?

"오늘은 우리 팀이 1등을 했다. 참 재미있었다. 다음에 또 하고 싶다."

이어달리기를 시작하면 아이들 일기에 자주 등장하는 말입니다.

"여러분, 이어달리기가 재미있는 게 1등을 해서라면, 우리 반의 4분의 3은 그 시간이 재미없었나요? 그렇다면 이어달리기를 계속할 수가 없어요. 이어달리기가 왜 재미있는지, 왜 계속하고 싶은지 함께 더 깊이 생각해 보아요."

삶은 과정입니다. 과정의 소중함을 알아야 하지요. 다른 친구들과 팀을 짜고, 전략 회의를 하고, 열심히 달리고, 이기기도 하고 져 보기도 하면서 자라는 것입니다.

"배턴을 잡고 달리는 것이 재미있어요. 꼭 진짜 달리기 선수가 된 것 같아요."

"배턴을 받으려고 서 있을 때 떨리지만 재미있어요."

"다른 팀 친구를 역전할 때 기뻐요."

이런 이야기를 즐겨 하는 아이가 될 수 있도록 천천히 가르쳐 주어야 합니다. 그저 다른 아이들과 비교당하여 지금의 성취를 인정받지 못하거나 "몇 점이니?", "몇 등 했니?", "몇 장 풀었니?"와 같은 질문을 자주 들으면 아이는 결과만을 바라보게 됩니다. 과정을 물어 주세요.

"문제 풀면서 어떤 점을 알게 되었어?"

"어떤 점이 어려웠어?"

"어떻게 하니까 잘되었어?"

이렇게 물어 주세요.

과정의 소중함을 아는 사람은 노력하지 않고 좋은 결과를 바라지 않습니다. 결과가 아닌 과정 자체를 알아주시면 아이는 자신이 노력하고 있다는 사실 자체로 자부심을 느끼고, 그 노력을 완수하며 성취감을 얻을 수 있습니다. 이런 경험은 무엇에든 도전하고, 설사 실패하더라도 꺾이지 않고 다시 일어서는 튼튼한 마음의 토대가 될 것입니다. 과정의 즐거움을 아는 사람은 자주 행복해집니다.

37

이어달리기는 이렇게 하는 거예요!

1학년이 1학년에게 전하는 꿀팁!

배턴 가운데 부분을 잡는다. 그리고 힘껏 두 팔을 치면서 달린다. 이게 잘 안되면 연습을 많이 하면 된다. 그러면 무조건 잘되게 되어 있다. 달리기는 연습을 하면 할수록 잘할 수밖에 없다. 우리 반은 3월 달부터 이어달리기를 많이 해 왔는데 느린 친구들이 예전보다 달리기 실력이 눈에 띄게 많이 늘었다. 나도 그렇다. 우리 반은 많은 연습 끝에 1반과 2반하고 이어달리기를 각각 다섯 판이나 붙고도 한 번도 진 적이 없게 되었다. 이어달리기는 정확한 자세로 연습만 많이 하면 누구나 잘할 수 있다.

박지인

학교에서는 서로 협력하며 살아야 한다고 가르치지만 지식 중심 수업에서 아이들이 그런 경험을 하기란 쉽지 않습니다. 그래도 이를 위해 할 수 있는 활동이 없는 것은 아니지요. 이어달리기를 하면 됩니다.

이어달리기는 배려, 용기, 자신감, 인내, 이해, 협동 등의 인성 덕목을 익히기에 참 좋은 운동입니다. 나의 실력이 한눈에 공개되는 팀 경기이기도 하지요. 최선을 다해도 각자 다른 능력, 자신보다 잘하는 친구가 눈에 띌 수밖에 없습니다.

우리 반에서 가장 달리기가 느렸던 한 아이가 기억납니다. 이어달리기를 하다 보면, 아이들은 누가 가르쳐 주지 않아도 제일 빠른 아이가 마지막 선수로 달려야 유리하다는 것을 곧 알게 됩니다. 그래서 팀에서 순서를 정하면 그 아이는 매번 첫 번째 선수가 되었습니다.

멋지게 결승선을 밟는 마지막 선수가 부러웠던 걸까요? 팀원들이 다 1번 주자로 뛰라는데 그 아이는 마지막 6번 주자가 되고 싶어 했습니다. 안쓰럽게 하소연을 하는 아이에게 저는 이렇게 말했지요.

"국어 시간에 부탁하는 말 배웠지요? 팀 친구들에게 그런 말로 부탁을 해 보면 어때요?"

며칠 후, 그 아이가 마지막 주자가 되었습니다. 의기양양하게 그 사실을 자랑하기에 어떤 말로 설득했는지 물었습니다.

"꼭 한 번만 내 소원을 들어 줘, 얘들아. 정말 열심히 할게. 나 딱 한 번만이라도 6번 선수 하고 싶어!"

간절하게 친구들을 설득한 그 아이는 비장한 각오를 다졌습니다. 그런데 이 무슨 운명의 장난인가요? 하필 팀의 실력이 그다지 좋지 않은 상황이네요. 빠른 아이가 뛰어도 힘든 상황에서 그 아이가 마지막 주자가 되어 배턴을 받았습니다.

따라잡을 수 없이 큰 차이로 꼴찌를 달리는 팀의 마지막 주자. 그 마음이 느껴지시나요? 몸은 생각처럼 빨리 움직이지 않습니다. 그래도 최선을 다해 달립니다. 젖 먹던 힘까지 발휘합니다. 하지만 다른 팀 선수들은 이미 모두 결승선에 들어섰습니다. 아이는 넓은 운동장을 혼자 달립니다. 오롯이 혼자 뛰어야 하는 고독을 느끼면서 말이지요.

"포기하지 마!"

웅성웅성 응원과 탄성이 뒤섞인 사이로 누군가 크게 외칩니다. 다른 아이들도 한목소리로 소리칩니다. 그 아이는 해냈습니다. 비록 꼴찌였지만 친구들의 큰 박수 속에 결승선을 통과했지요. 끝까지 포기

하지 않고 달려 모두의 마음에 최우수 선수로 새겨졌습니다. 그 아이는 아마도 이 찬란한 도전의 순간을 잊지 못할 것입니다.

세상을 살아가려면, 나의 부족함이 드러나고 타인의 잘남이 부각되는 현실을 받아들이는 연습을 해야 합니다. 잘난 친구를 인정하고 부족한 친구를 감싸 안아야 하지요. 마음이 안 맞는 친구와도 한 팀이 되어 협력해야 합니다. 이렇게 어렵지만 해내야 할 일을 이어달리기를 통해 온몸으로 배울 수 있습니다. 그래서 이어달리기가 좋습니다.

소심하고 자신감 없는 아이는 어떻게 도와야 하나요?

수업에 흥미가 없고 읽기, 쓰기를 어려워하는 아이가 있었습니다. 수학 시간이면 진도에 맞게 교과서를 펴는 것도 힘들어할 정도였지요.

어느 날, 이어달리기를 하는데 그 아이가 빨강팀의 3번 주자가 되었습니다. 그 팀의 1번, 2번 주자는 마침 달리기 실력이 좋은 친구들이었습니다. 그래서 다른 팀과 격차가 크게 벌어진 가운데 그 아이가 배턴을 받았습니다. 아이는 달리기를 못하는 편이었지만 힘껏 달렸습니다.

1등으로 달린 아이는 어깨가 으쓱했습니다. 아이가 최선을 다해서 달린 것은 맞습니다. 하지만 빨강팀 친구들의 실력이 좋았던 점이 아이의 등수에 큰 영향을 미쳤지요. 그래도 친구들은 아이가 1등으로 달렸다며 큰 관심을 보였습니다.

그날 이후 그 아이는 교실에서의 태도가 달라졌습니다. 수업을 할 때 점점 자신감을 보이기 시작했지요. 저는 아이의 태도를 친구들 앞에서 자주 칭찬해 주었습니다. 수학책을 제대로 펴기 시작하더니, 친구들에게 어려운 문제를 묻기도 했습니다. 그렇게 친구들의 도움으로 차츰 공부에 흥미를 가지게 되었습니다.

학교생활에 재미를 붙인 그 아이는 나날이 발전했습니다. 공부를 잘할 수 있다는 자신감, 자신을 괜찮은 사람이라고 여기는 자존감의 회복은 나머지 1학년 생활을 바꾸어 놓았습니다. 우연하고 사소한 사건이 큰 변화를 불러온 것입니다. 가정에서도 자존감을 키울 기회를 만들어 주세요. 작은 장점이나 재능이라도 관심과 칭찬으로 키워 주시면 좋겠지요.

특히 아이가 자신을 한 사람의 가족 구성원으로 느낄 수 있게 해 주어야 합니다. 부모님부터 아이를 인격적으로 대접해 주시는 것입니다. 아이는 부모의 보살핌을 받기만 하는 존재가 아닙니다. 부모와 함께 살아가는 존재입니다. 초등학교 교실이라는 세상에서 용감하게 제 몫을 다하며 살아가기 위해서는 가정에서부터 존중받는 경험이 필요합니다.

저녁 식사 메뉴를 정하거나 가정의 문제를 해결할 때에도 아이를 가족 회의에 참가하게 해 주세요. 가정에서 가족으로부터 하나의 인격체로서 대우를 받고 자란 아이가 학교에서도 당당하게 생활할 수 있습니다.

"너는 이런 일에 신경 쓰지 말고 방에 가서 공부나 해."

혹시 이렇게 모든 것을 도와주시지는 않나요? 이런 양육 태도를 견지하시면서 자녀가 학교에서 제 몫을 다하는 학생으로 행동하기를 바라시면 참 어렵습니다. 자녀가 잘하는 일을 찾아내어 인정해 주고 그 일을 할 수 있는 기회를 주세요. 수저 놓기, 신발 정리 등 가족의 구성원으로서 작은 역할을 할 수 있도록 도와주어야 합니다. 여덟 살, 초등학교 1학년 자녀는 이제 단순한 양육, 관리의 대상이 아니라, 자신의 인생을 살아가는 한 사람의 인격체임을 기억해 주세요.

38

맨발 걷기에 도전하는 방법을 소개합니다!

1학년이 1학년에게 전하는 꿀팁!

혹시 학교에서 맨발 걷기 하고 있니? 처음부터 맨발로 걷기가 쉽지 않지? 하지만 익숙해지면 혈액 순환에 도움이 되고 코로나19 예방까지 될 정도로 참 건강해져. 일단 맨발에 적응이 되어야 하는데 그러려면 용기를 가져야 해. 따끔따끔해도 꾸준히 해 보는 거야. 아니면 친구랑 같이 해 보는 것도 좋은 방법이야. 이야기하면서 걸으면 아픈 것도 잊게 된단다. 또 천천히 걷지 말고 빨리 걸어 보는 거야. 천천히 걸으면 더 아파. 따끔거릴수록 빠르게 걸으니까 덜 아프더라. 마지막으로 발 마사지를 하고 해 봐. 누구나 할 수 있어. 나는 지금은 맨발 이어달리기도 잘하게 되었어. 너희들도 힘내!

김찬우

우린 반 아이들은 창의적 체험 활동의 하나로 맨발 걷기를 하고 있습니다. 학부모님들께 동의를 구한 뒤, 맨땅에서 맨발로 걷자고 했을 때 꽤 많은 아이가 참여해 주었습니다. 30여 분 운동장을 같이 걸으면서 자연스럽게 이야기도 많이 나누었습니다.

재미있게도, 그때 아이들 표정은 교실 수업을 할 때와는 무척 다릅니다. 그냥 가방을 잠시 내려놓고 운동화와 양말을 벗어 두고 걷는 것일 뿐인데 말이지요.

"선생님, 제가 맨발 걷기 하고 온 날은 동생이랑 싸움도 잘 안 하고 짜증도 잘 안 내서 엄마가 좋대요."

매일 조금씩 맨발 걷기를 하자 몇 달 뒤 놀라운 변화가 찾아왔습니다. 한 어머니께서는 맨발 걷기를 꾸준히 하면서 아이가 손톱 물어뜯던 습관이 없어졌다고 문자를 보내 주셨습니다. 이렇게 마음의 문제는 때로 몸의 움직임으로 해결할 수 있습니다.

요즘 학교 교육에서 가장 큰 아쉬움은 습習에 비해 학學이 넘친다는 것입니다. 종이 위의 실력은 훨씬 좋아진 것 같은데 마음과 몸의 성장은 그에 미치지 못하지요. 머릿속으로 무언가를 집어넣어 알게 되는 것이 학學이라면, 그것을 몸으로 실천하고 마음으로 다지는 것이 습習입니다. 이 두 가지가 조화롭게 행해져야 진정한 교육이겠지요.

맨발 걷기는 아이들에게 습習의 시간을 주는 여러 활동 중 하나입니다. 아이들이 좋아한다는 것이 큰 특징이지요. 아이들은 참고 노력해서가 아니라 하고 싶어서 맨발로 걷습니다. 학교에서 맨발 걷기를 접한 아이들은 주말에 부모님과 함께 하기도 합니다.

멍게의 유충은 뇌 역할을 하는 척수와 신경절 다발이 있어서 바다를 떠돌며 먹이를 찾고 위험한 상대를 피합니다. 하지만 바위에 붙어 살기 시작하면 이 기관을 스스로 먹어 버리지요. 그래서 성체가 된 멍게에게는 뇌가 없습니다.

이는 곧 움직이지 않으면 뇌가 발달하지 않는다는 뜻입니다. 자연과 멀어지고 몸을 움직이지 않으면서 우리는 행복과도 멀어지고 있습니다. 행복하기 위해서 사는 것인데, 지금 1학년 여덟 살 아이들은 온전히 행복할까요? 지금 행복하지 않은 아이들이 내년에는, 10년 후에는 행복할 수 있을까요?

"선생님, 맨발로 걸으면 뭐가 좋아요?"

"기분이 좋아지지요."

아이들과 맨발 걷기를 처음 시작할 때 주고받은 말의 전부입니다. 우리 반 아이들은 오늘도 맨발로 잘 놀고 있습니다. 그래서 우리들의 학교생활은 행복합니다.

방과 후 하교 시간, 아이들과 운동장에서 다시 만납니다. 교실에서 숫기 없던 아이도 함께 운동장을 걸으면 말이 많아집니다. 아이들에게 자연에서 놀 수 있는 시간을 더 많이 주어야겠습니다. 자연 속에서 친구들과 충분히 놀 수 있는 교육 환경을 만들어 주어야겠습니다.

생태 교육, 맨발 걷기의 의의는 무엇일까요?

『국어』 교과서의 지문에는 「풀꽃예찬」 등 풀꽃 관련 글들이 등장합니다. 많은 시, 소설, 미술 작품, 음악 작품이 자연의 아름다움을 소재로 하고 있지요. 통합 교과 시간에는 직접적으로 식물의 한살이를 배우는 과학 영역의 수업도 있습니다. 생명의 소중함을 배울 때도 자연을 살펴보는 게 아주 중요한 공부입니다.

그래서인지 요즘 자연과 환경에 관심을 가지는 분들이 많고, 다양한 방법으로 환경생태 교육을 실천하고 있지요. 학교 교육 과정을 따르면 많은 영역에서 자연스럽게 환경과 생태 교육을 하게 되어 있습니다. 그런데 최근에는 생태 교육 못지않게 중요한 것이 면역력과 체력을 길러 주는 일입니다. 코로나19로 전례 없는 국가적 감염병 사태를 겪으면서 개인의 면역력이 국가 경쟁력이 되는 시대가 되었습니다.

지금의 아이들에게는 지식을 쌓는 일만큼 면역력을 키우는 일이 필수적입니다. 몸의 건강과 강인한 체력은 그 어떤 일을 하더라도 필요한 기본 바탕입니다. 이것이 제가 맨발 걷기 교육을 적극적으로 해야겠다고 마음먹은 이유입니다. 우리 몸을 땅과 접촉하여 에너지를 얻는 '어싱'과 맨발 걷기에 관한 자료를 찾아보고 관련 책을 읽으면서, 자연과 멀어져서는 몸과 마음이 건강할 수 없다는 생각을 하게 되었습니다.

다행히 대부분의 초등학교에는 흙 운동장이 있습니다. 그 운동장에서 저는 우리 반 아이들과 함께 맨발 전래놀이, 맨발 오래달리기, 맨발 이어달리기, 맨발 공놀이와 맨발 줄넘기를 합니다. 아이들의 면역력은 하루가 다르게 좋아졌습니다. 우리 반의 교육 성과는 『맨발교실』(권택환 저)이라는 책으로도 널리 알려지게 되었습니다.

최근에는 많은 학교에서 맨발 걷기 교육을 시도하고 있습니다. 맨발로 자연과 접하고 운동장의 자연 변화를 관찰하면서 아이들은 많은 것을 생각하게 됩니다. 우리 반 아이들은 그런 하루하루를 담아 글을 썼습니다. 그 글은 대구광역시 교육청의 '학생 저자 만들기 프로젝트'를 통해 책으로 출판되었습니다(2021년 대봉초 1학년의 『솜사탕 그 기억 따라』, 2020년 대봉초 1학년의 『가을찾기』).

저는 아이들의 건강을 위해 시작한 맨발로 하는 생태 교육과 함께 1학년부터 글쓰기, 책쓰기로 이어지는 통합적인 국어 교육을 하고 있습니다. 이러한 활동을 통해 배움이 즐거운 아이로, 변화하는 미래 사회를 자신있게 헤쳐 나가는 아이로 바르게 자랄 수 있기를 바랍니다.

39

달팽이놀이, 이렇게 하면 잘할 수 있어요!

1학년이 1학년에게 전하는 꿀팁!

달팽이놀이는 가위바위보 싸움이다. 가위바위보를 이겨야지 나아갈 수 있기 때문이다. 어떻게 보면 운인데, 그러면 운을 믿는 거 말고 뭘 해야 잘할 수 있을까? 바로 집중을 해서 뛰는 것이다. 내 앞의 친구가 가위바위보를 지면 바로 내 차례가 되니까 그때 최대한 빨리 뛰어라. 그러면 가위바위보 한 판을 벌 수도 있다. 또 가위바위보를 졌어도 내 다음 차례 친구에게 "빨리 뛰어"라고 말을 하면서 들어가는 게 좋다. 그래야 그 친구도 시간 낭비 없이 집중할 수 있기 때문이다.

신우상

달팽이놀이는 통합 교과(『봄』, 『여름』, 『가을』, 『겨울』) 시간에 즐겨 하는 놀이입니다. 운동장 놀이가 필요한 단원의 수업을 진행할 때 자주 하지요. 이 놀이는 재미도 있고 아이들의 성장에도 도움을 줍니다. 여기서는 달팽이놀이의 장점을 소개해 드릴까 합니다.

첫 번째, 집중력과 순발력을 기를 수 있습니다. 이 놀이를 할 때는 집중해서 경기의 흐름을 보고 있어야 합니다. 그래야 자기 차례가 되었을 때 허비하는 시간을 줄일 수 있기 때문입니다. 경기에 잘 참여하기 위해서는 빠른 판단력과 행동력이 필요한데, 이것은 바로 순발력으로 이어지지요. 처음에는 집중력도 순발력도 부족해서 힘들어하던 아이들도 몇 번 하다 보면 점점 나아집니다.

두 번째, 규칙 준수의 자세와 균형 감각을 키울 수 있습니다. 이 놀이를 할 때는 선을 따라 달려야 하는데, 바닥에 신경 쓰며 재빨리 움직이기란 아이들에게 그리 쉽지 않습니다. 하지만 선을 밟거나 선 밖으로 나가면 실격이 되기 때문에 조심해야 합니다. 아이들도 어렵지만 규칙을 지키며 놀이에 참여해야 진정한 놀이의 고수라고 이야기합니다. 물론 좁게 그려진 곡선을 따라 달려가면서 몸의 균형 감각도 함께 길러집니다.

세 번째, 가위바위보를 잘하게 됩니다. 가위바위보는 초등 수업이나 놀이에서 승부를 정할 때 자주 사용하는 방법입니다. 그런데 생각보다 가위바위보를 잘하는 아이들이 드뭅니다. "가이가이보"라고 말하기도 하고 박자보다 빠르게 혹은 느리게 손을 내밀기도 합니다. "가위" 라고 외치고 손을 활짝 펴서 친구들의 원성을 듣기도 하지요. "가위! 바위! 보!" 똑똑히 외치면서 자신이 정한 손 모양을 박자에 맞춰 정확하게 내미는 것도 연습해야 잘할 수 있습니다.

네 번째, 기분 좋게 지는 연습을 할 수 있습니다. 살아가면서 "졌다" 하고 신나게 말할 수 있는 기회는 그리 많지 않습니다. 비록 놀이일 뿐이지만 패배를 인정하고 크게 외쳐 보는 것은 신선한 경험입니다.

다섯 번째, 협동심에 대해 배우게 됩니다. 이 놀이를 통해 '운명'을 함께할 팀원들끼리 협력하고 연대하는 법을 터득할 수 있지요. 요즘 형제자매가 많지 않은 상황에서 자라는 아이들은 가정에서 이런 경험을 할 일이 별로 없습니다. 그래서 학교에서 친구들과 함께 하는 놀이 수업이 더욱 귀한 시간이 됩니다.

달팽이놀이를 통해 재미와 함께 이렇게 많은 것을 얻을 수 있습니다. 준비물도 필요 없고 맨발로도 할 수 있습니다. 달팽이놀이를 할 때면 자신의 차례를 기다리는 아이도, 달려 나가는 아이도, "졌다!"라고 외치며 돌아오는 아이도 모두 유쾌한 모습입니다. 그래서 참 좋습니다.

뭐든 혼자 하려는 아이,
그냥 두어도 될까요?

앞으로 우리 아이들이 만날 세상은 한 개인의 성취로만 살아가기는 힘들 것입니다. 요즘 많은 기업이 이미 팀 체제로 운영되고 있습니다. 사회생활을 하려면 다른 사람들과 함께 일하며 협력하는 구체적인 방법을 배워야 합니다. 앞서 말씀드렸듯, 우리 반에서는 이어달리기를 자주 하고 있지요. 이어달리기는 협동심, 팀워크를 배우기에 정말 좋은 경기입니다.

이어달리기를 하는 아이들은 다들 최선을 다하지만 능력은 제각기 다릅니다. 이런 높고 낮은 실력 차가 모두가 한눈에 알 수 있게 공개되지요.

"선생님, 친구들이 못 한다고 놀려요."

이어달리기를 하는 날에는 이런 하소연을 하는 아이도 있습니다. 그러면 이 문제를 다른 친구들과 함께 생각해 보기로 합니다.

"여러분, 팀이 다 같이 잘하기 위해서는 어떻게 하면 좋을까요?"

아이들은 생각보다 빨리 지혜로운 대답을 찾습니다.

"넘어지지만 않으면 돼요."

"못 달려도 걱정하지 말고 달려요. 우리가 더 열심히 달리면 되니까요."

아이들은 친구를 비난하지 않고 용기를 주는 것이 더 좋은 방법이라는 것을 체득해 나갑니다. 1학년도 함께 사는 법을 스스로 깨닫습니다. 나와 다른 특징을 가진 친구와 한 팀이 되어 마음을 모아 함께 살아가는 법을 배웁니다. 배려를 받은 아이는 다른 활동 시간에 또 다른 아이에게 배려와 친절을 돌려줍니다.

이렇게 아이들은 친구가 경쟁의 상대가 아니라, 서로의 부족함을 이해해 주고 채워 주는 동료임을 알게 됩니다. 수줍음이 많은 아이, 혼자인 시간을 덜 싫어하는 아이는 있지만 친구 없이 행복하게 학교생활을 한다는 건 어려운 일입니다.

물론 혼자 하는 것이 적당한 과제도 있습니다. 조용히 책을 읽고 자신의 생각에 집중해 보는 것도 때론 필요합니다. 수학 문제 앞에서 낑낑대며 자기만의 힘으로 해결하려고 노력해야 할 때도 있습니다. 혼자만의 시간이 필요할 때 혼자 할 수 있는 것도 능력입니다.

하지만 늘 모든 것을 자기 힘으로만 해내려고 한다면, 평소 아이의 행동이나 생각을 잘 살펴봐 주세요. 부끄럼을 많이 타거나, 친구에 대한 신뢰를 쌓을 기회가 없었거나, 너무 자신의 세계에만 빠져 있지는 않는지 관심을 갖고 봐 주셔야 합니다. 혹시 가정의 분위기가 영향을 끼치지 않았는지도 함께 생각해 보시면 좋겠습니다.

너무 크게 걱정하실 것은 없습니다. 먼저 지켜보아 주세요. 아이 스스로 정말 다른 이와의 협력이 필요한 순간, 동료가 필요한 순간이 왔다고 느끼면 친구와 손잡고 함께할 것입니다. 그런 순간에도 끝까지 혼자 하려는 아이는 그리 많지 않습니다.

40

바람개비 만들기, 어렵지 않아요!

1학년이 1학년에게 전하는 꿀팁!

얘들아, 안녕? 내가 바람개비 만드는 법을 알려 줄게. 우선 색종이 한 장을 세모 모양이 나오게 딱 맞춰서 반을 접어. 접었으면 펴고 이번에는 다른 쪽으로 세모 모양이 나오게 접고 펴. 그럼 접은 부분이 X자로 보일 거야. 그 접은 부분을 가위로 잘라 내면 네 조각이 되겠지? 그 네 조각 전부 다 각각 끝과 끝을 맞추어서 한 번만 접어. 그런 다음 선풍기 모양이 되도록 해 놓고 네 조각 접은 끝 부분이 다 꽂힐 수 있게 중간 지점을 핀으로 꽂아. 이제 수수깡의 동그란 부분에다 고정시키면 끝이야. 그런데 너무 꽉 누르면 잘 안 돌아갈 수도 있어서 조금은 공간을 남겨 주는 게 좋아. 자, 바람개비를 들고 앞뒤로 왔다 갔다 해 봐. 빙글빙글 도는 게 참 귀엽단다.

김예나

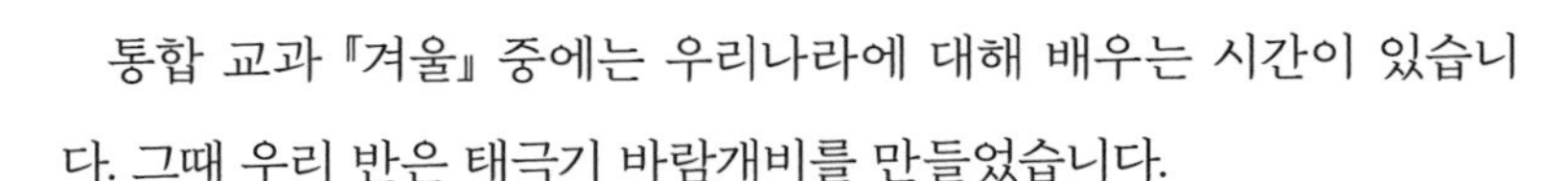

통합 교과 『겨울』 중에는 우리나라에 대해 배우는 시간이 있습니다. 그때 우리 반은 태극기 바람개비를 만들었습니다.

사각형의 색종이를 대각선으로 두 번 접으면 삼각형이 네 개 생기지요. 이것으로 날개를 만들고 태극 모양의 붙임딱지를 붙이면 거의 완성입니다. 이 과정에서 우리나라 국기에 대해서 배우고 수학 시간에 배운 도형 공부도 같이 합니다. 이렇게 공부는 서로 연결되어 있습니다.

아이들은 바람개비를 수수깡에 핀으로 고정시켜 운동장으로 달려 나갑니다. 그런데 금방 한 아이가 울음을 터뜨립니다. 바람개비 날개 하나가 찢어져 안 돌아간다는군요. 친구들이 우르르 몰려와서 고칠 수 있는 방법을 알려 줍니다.

"날개가 망가지니까 균형이 안 맞아서 그래."

"셀로판테이프로 붙이면 감쪽같을 거야."

아이들이 빙빙 돌아가는 바람개비에 몰입한 사이 저는 잠시 비켜서 있습니다. 아이들은 자신의 시간을 자신이 통제하고 싶어 합니다. 어떻게 놀지 생각하고 규칙을 정하고 실행합니다. 교사의 호루라기에 맞추어 줄을 서서 달려갔다 달려오면 놀이가 아닙니다. 아이들은 온전한 놀이를 통해 성장합니다.

『겨울』 수업 중 연날리기에 도전하는 날에는 저와 아이들 사이에 이런 대화가 오갑니다.

"동쪽에서 불어오면 '동풍'이에요. 동쪽은 어디일까요?"

"해가 뜨는 곳이에요!"

추운 겨울날인데도 놀이를 하는 아이들은 추운 줄 모릅니다. 놀이는 많은 것을 가능하게 합니다. 놀이는 통합적인 공부입니다. 놀이는 아이들 삶의 현장입니다. 성취의 기쁨, 실패의 슬픔을 느끼며 자라고 도전 정신, 운동 능력, 과학적 사고력, 우정을 키우는 시간인 것입니다.

하소연하는 버릇이 있는 아이는 어떻게 대해야 할까요?

때로 어른도 마찬가지이지만, 아이는 자기 유리한 쪽으로 생각하고 말하는 경향이 있습니다. 그게 보통 아이의 특징입니다. 그래서 부모가 좀 더 객관적이고 냉정한 판단을 해야 할 때가 있지요.

하지만 아이의 하소연에는 공감과 이해가 먼저입니다. 훈계는 잠시 미루어 두어야 합니다.

"엄마, 내 짝이 뚱뚱하다고 놀려."

"아니, 너를 놀려? 정말 나쁜 아이구나!"

판사처럼 답을 내려 주는 건 아이가 성장할 기회를 뺏는 일이 됩니다.

"그러게 피자 너무 많이 먹으면 안 된다고 했잖아."

내 아이만 나무라는 것도 그리 바람직하지 않습니다. 물론 남의 탓을 하지 않는 사람으로 자라게 하고 싶은 뜻이겠지요. 하지만 아이는 내 마음을 몰라주는 부모에게 섭섭함이 커집니다.

그렇다면 지혜로운 선택은 무엇일까요?

대부분의 경우, 문제의 답은 이미 아이가 가지고 있습니다. 다만 부모님께 자기 삶의 힘듦을 위로받고 싶어 할 뿐입니다. 먼저 아이의 감정을 받아 주세요. 너그럽고 따뜻하게 마음을 풀어 주고 격려해 주세요. 꾸중과 지도는 아이가 감정이 풀렸을 때 해도 늦지 않습니다. 대신 질문을 해 보세요.

"너는 이 문제를 어떻게 해결하면 좋겠어?"

아이가 답이 없으면 기다려 주면 됩니다.

"네가 그래서 곤란하구나. 엄마, 아빠랑 같이 생각해 보자."

공을 아이에게 넘깁니다. 그 문제의 자기 결정권이 아이에게 있음을 잊으면 안 됩니다.

아직 어린아이인데 뭘 알고 어떻게 해결을 하겠느냐고 물으실 수도 있습니다. 하지만 아직 어린 여덟 살에게 일어난 문제라면, 보통의 경우 답도 어린 여덟 살이 찾을 수 있습니다.

"어떻게 도와주면 좋을까? 너는 어떻게 생각해?"

잠시 시간이 흐른 후 다시 물어보면 아이가 나름의 답을 내놓습니다.

"선생님과 의논해 볼래요."

"놀리지 말라고 말할 거예요."

아이의 생각을 듣고 크게 문제가 없다면 그 선택을 존중해 주세요. 부모님이 자신의 선택을 응원한다는 것을 알려 주세요. 이때 해결이 안 되면 언제든 함께 의논하고 도움을 요청해도 된다는 메시지를 잘 전달해야 합니다. 아이는 부모로부터 위로와 격려를 받고 부모를 큰 울타리처럼 느끼며 거기에서 힘을 얻습니다. 그리고 세상 속으로 나아가 자신의 선택으로 문제를 직면하고 해결해 나갑니다. 그렇게 하나하나 배우고 체험하며 커 갑니다.

41

노란 은행잎으로 재미있게 놀아요!

1학년이 1학년에게 전하는 꿀팁!

은행잎으로 노는 방법은 여러 가지가 있어. 첫째, 은행잎을 모아서 꽃 만들기. 둘째, 은행잎을 가득 품고 날린 뒤 사진 찍기. 셋째, 누가 은행잎 많이 모으나 대결하기. 넷째, 은행잎을 붙여 그림 그리기 등이다. 아마 가을이 되면 학교에서 한 번씩은 다 해 보게 될걸? 난 전부 다 재밌었어. 특히 우리 학교는 은행잎이 엄청 많아서 그 위에 누워 보는 것도 괜찮았어. 가을은 날씨도 좋고 생각보다 놀기 좋은 계절인 것 같아.

서강인

통합 교과 『봄』을 배울 때 우리 반 아이들은 직접 자연을 관찰하는 시간을 가집니다.

"여러분, 이팝나무를 보니까 뭐가 생각나나요?"

초록색 이파리 위의 하얀 꽃잎을 보고 있는 아이들에게 묻습니다. 아이들은 유심히 꽃을 봅니다.

"솜사탕 같아요. 팝콘 같기도 하고요."

"겨울에 내리는 눈 같아 보여요."

"민들레 씨앗이요!"

이렇게나 다양하고 창의적인 대답들이 나옵니다. 이 답만 엮어도 한 편의 시가 될 것 같습니다.

"옛날 우리 조상들은 보릿고개를 넘을 때 무척 힘들었어요. 그때 며칠을 제대로 못 먹은 아이가 이팝나무의 새하얀 꽃을 봤지요. 아이에게 뭐가 생각났을까요?"

저는 잠시 보릿고개에 대한 설명을 덧붙인 뒤 답을 구하며 아이들을 바라봅니다.

"하얀 밥이요!"

"그래요, 밥이에요. 배가 고팠으니 하얀 쌀밥이 생각난 거지요."

이팝나무의 이름은 이렇게 생겨났습니다. '쌀밥나무'에서 '이밥나무', '이팝나무'가 되었다는 이야기가 전해지지요. 아이들은 이 이야기를 흥미롭게 듣습니다.

이팝나무의 꽃을 관찰하고 교실로 돌아오는 길에 보리와 밀의 이삭을 발견합니다. 이삭에 붙은 희뿌연 꽃들도 함께 관찰하고 이야기를 나눕니다. 아이들은 꽃이라고 해서 다 화려한 것만 있는 게 아니란 사실을 처음으로 알게 됩니다.

교실로 들어와서 꽃 이름을 넣어 문장쓰기를 했습니다. 쓰고 싶은 문장을 친구들 앞에서 먼저 말해 봅니다. 그다음엔 몇 개의 문장을 골라 다 같이 써 봅니다.

"큰꽃으아리는 꽃잎이 여덟 장입니다. 우리 나이와 같습니다."

"은방울꽃은 작은 종 모양으로 생겼습니다."

참 예쁜 문장으로 국어 공부를 했습니다.

봄과 여름이 지나고 가을이 왔습니다. 이제는 『가을』을 공부할 시간입니다. 이번에도 아이들을 데리고 운동장으로 나갔습니다.

"여러분, 선생님은 여기서 기다릴 테니 가을을 찾아보세요."

아이들은 곧 다람쥐처럼 여기저기를 뛰어다닙니다.

"앵두나무 잎이 어두워졌어요. 힘이 없는 녹색이에요."

"대추의 색깔이 달라졌어요."

“은행나무 잎이 노란색이에요.”

한껏 가을을 머금은 은행나무 잎으로 놀아 봅니다. 노란 은행잎을 한 움큼 잡아서 “하나, 둘, 셋!” 하고 머리 위로 힘껏 날립니다. 저는 아이들에게 은행나무 이름의 뜻을 알아보자고 제안합니다.

“돈을 저금하는 ‘은행’나무일까요?”

아이들은 크게 웃습니다. 그중에는 고개를 갸우뚱갸우뚱하는 아이도 있습니다. ‘행’이 ‘살구나무’를 의미해서, 은행나무는 곧 ‘은빛 살구나무’라는 뜻이라고 알려 줍니다. 은행나무가 2억 7천만 년 전부터 지구상에 있었다는 설명도 덧붙입니다.

아이들은 신기해하며 은행잎을 모아 노란 장미꽃을 만들어 교실로 돌아옵니다. 단어를 배우며 국어 공부를 하고 은행나무의 역사를 배우며 과학 공부를 했지만, 그저 은행잎으로 재미있는 놀이를 했다고 생각하면서 말입니다.

생태 교육을 하면 중등 진학 시 학습이 뒤쳐지지 않나요?

우리 반 아이들은 자주 학교 뜰로 나갑니다. 어느 날은 마른 나뭇가지 두 개를 주워서 길이 비교를 하며 수학을 공부를 합니다. 채송화, 봉숭아, 옥수수를 관찰하고 나뭇가지로 받침 있는 글자를 쓰기도 합니다. 어제 내린 비 덕분에 운동장은 청소해 놓은 마루 같습니다. 까슬까슬 맨발 걷기의 촉감이 좋습니다. 맨발로 물웅덩이에서 놀이를 시작합니다.

한 쪽 날개를 잃은 매미 한 마리가 힘겹게 느티나무를 오르는 광경이 보입니다.

"매미가 가여워요. 새가 저랬을까요?"

교과서를 펴고 의견을 말해 보라고 하면 눈만 동그랗게 뜨던 아이도 목소리가 커집니다. 운동장에서 국어, 수학, 과학 공부를 하는 모습입니다. 창의적 사고, 심미적 감성, 의사소통 역량이 길러집니다. 함께 배울 친구가 있고 시간과 공간이 주어지면 아이들은 알아서 배웁니다.

이렇게 공부하면 안 될까요? 생태적 감수성이 능력이 되는 세상이 오고 있습니다.

공부는 주변의 자연 현상과 사회 현상에 대한 이해입니다. 세상을 살아가는 데 필요한 문제 해결력을 키우는 것입니다. 또한 공부는 자신에게 닥친 스트레스를 어떻게 관리하느냐를 배우는 과정입니다. 문제 풀이식의 정답이 있는 공부는 학습의 전부가 아닌 일부이지요.

밥 먹는 것, 친구 만나는 것, 건강하게 살아가는 것. 이 모든 것이 공부입니다. 평소 가정에서 교양 있는 대화를 나누는 것, 다양한 체험을 하는 것도 중요합니다. 가정에서 아이와 행복한 시간을 많이 가져야 합니다. 이런 시간이 제일 중요한 공부가 됩니다. 운동, 등산, 시장 구경 등을 함께 하여 아이가 삶을 체험하며 살아가게 해 주세요.

실제 삶의 현장, 삶의 도구는 가장 좋은 장난감이자 교과서입니다. 우리 모든 생명의 요람인 자연을 배우는 생태 교육은 살아 있는 공부의 첫걸음이 되지요. 이런 기본기를 갖춘 아이는 상급 학교에 가서도 배움을 즐기지 않을까요?

42

종이접기,
뭐든 잘 접을 수 있는 방법!

1학년이 1학년에게 전하는 꿀팁!

첫째, 종이접기 설명서에 나오는 글대로만 하면 된다. 무슨 말인지 모르면 그림을 봐라. 둘째, 반듯하게 눌러서 접는다. 셋째, 잘못 접었으면 다시 쫙 펴서 접으면 된다. 만약 심하게 접혔거나 찢어졌으면 신경 쓰지 말고 새 종이를 써라. 넷째, 완성했는데도 예쁘지 않으면 한 번 더 접어 보자. 계속 접어 봐야 종이접기 실력이 늘게 된다. 김재빈

『겨울』 수업 시간에는 겨울철에 할 수 있는 놀이에 대해서도 공부합니다. 이번에는 종이접기로 팽이를 만들기로 하였지요. 색종이 두 장이면 만들 수 있는데 완성하면 아주 근사합니다. 한 장으로 팽이의 몸체를 접고 다른 한 장으로 손잡이를 만들어 끼우면 되지요. 빳빳하게 모서리를 접으면 어느새 팽이가 탄생합니다.

이런 식으로 완성된 팽이의 사진을 보여 주었더니 아이들은 할 수 있을까 걱정을 했습니다. 만드는 방법이 잘 소개된 영상을 보여 주고 집에서도 몇 번 살펴보라고 당부를 했지요. 그랬더니 평소에 종이접기에 관심이 많은 아이들은 금방 팽이를 접는 방법을 다 익혀 왔습니다. 하지만 보통 팽이접기처럼 기술이 필요한 활동은 하루에 다 이루어지지 않지요. 2주 정도 전에 안내를 해서 관심을 갖게 하고 미리 만들어 볼 수 있는 기회도 주면 좋습니다.

본격적으로 종이접기를 하기 전에 같이 활동하고 싶은 친구를 찾아서 팀을 만들었습니다. 잘 접는 아이도 있고 그렇지 않은 아이도 있습니다. 약 서른 명의 아이들을 교사 중심으로 가르치려 들면 무척 힘이 듭니다. 하지만 또래 친구는 다르지요. 여기저기서 진지하게 가르쳐 주고 따라 해 보고 질문하고 답변하는 소리가 들립니다.

아이들은 우리 반의 약속대로 '용기 있게 묻고 친절하게 가르쳐 주고' 있었던 것입니다. 말은 쉽지만 사실 어른에게도 쉽기만 한 일이 아니지요. 아이들이 이런 것을 배우기에 종이접기는 아주 좋은 활동입니다. 개인차가 큰 것이 한 이유가 되지요.

며칠 동안 매일 조금씩 실력을 쌓아 닷새쯤 하니까 모두가 팽이접기에 성공했습니다. 아이들은 자기 자신에게, 친구에게 박수를 보냈습니다. 작품으로는 팽이 오래 돌리기 대회를 열었습니다. 그 이후에도 아이들은 교실에 넉넉히 준비해 둔 색종이가 바닥이 날 만큼 수많은 팽이를 접었습니다.

일회성의 수업으로는 보람을 느끼기 힘듭니다. 종이접기를 통해 아이들은 손 움직임의 정교성과 유연성을 익히고 도형의 원리를 이해하며 인내심을 기릅니다. 친구와 함께 도와 가며 만들면서 서로에게 힘이 되어 주기도 하지요.

아이들이 만든 팽이가 늘어났을 때 우리 반은 팽이 전시회를 열었습니다. 팽이접기로 아이들의 종이접기 실력이 쑥쑥 늘었습니다. 며칠 후에는 팽이 말고 다른 것에 도전하기도 했습니다. 친구에게 자기가 접을 수 있는 것을 하나 가르쳐 주고, 자기가 못 접는 것을 하나 배워 보라고 했지요. 아이들은 함께 모여 앉아 서로 배우고 가르쳤습니다.

공, 하트, 티셔츠, 네잎클로버 등 아이들 손에서 종이가 또 다른 이름을 얻었습니다. 진지하지만 자유롭고, 어수선해 보이지만 질서 있으며, 자세히 보면 모두들 열심히 공부하고 있는 종이접기 시간. 놀이가 공부이고 공부가 놀이임을 체험하는 귀한 시간입니다. 종이접기는 겨울 교실 놀이로 최고입니다.

말수가 적은 아이와 마음을 터놓는 방법이 있을까요?

저의 큰아이가 중학교에 다닐 때 일입니다. 학년을 마치면서 학급에서 롤링페이퍼 활동을 했나 봅니다. 돌아가며 친구에게 쪽지 편지를 보낸 것입니다. 아이가 받아온 롤링페이퍼에는 반 친구들이 쓴 글이 빼곡히 쓰여 있었습니다. 거의 비슷한 내용이었지요.

'말이 적다, 조용하다, 과묵하다.'

"다른 아이들이 말이 많은 거예요. 저는 해야 할 말은 다 하는데요."

큰아이가 항변했습니다.

이렇게 '말수가 적다'는 건 어쩌면 상대적인 평가라고 할 수 있습니다. 부모님과 상담을 할 때면 자녀가 말을 잘 안 한다, 특히 학교에서의 일을 잘 전해 주지 않는다며 걱정하시는 경우를 종종 봅니다. 하지만 아이의 입장에서 한번 돌아보아야 합니다. 예를 들어 생각해 보겠습니다.

어느 가정에서 전업 주부인 아내가 하루 종일 집안일을 합니다. 정신없이 시간을 보내고 나니 저녁에 남편이 퇴근해 왔습니다. 그가 다정하게 묻습니다.

"오늘 접시는 몇 개 씻었나요? 반찬은 어떤 것을 성공적으로 했나요? 어떤 일이 제일 재미있고 기억에 남나요?"

매일 이런 질문을 받는다면 아내 입장에서 어떨까요? 남편으로부터 사랑받고 관심받고 있다고 여겨질까요? 이런 질문이 나날이 계속된다면 행복할까요?

부모님들은 학교에서 돌아오는 아이를 붙잡고 묻습니다.

"재미있었니? 친구랑은 잘 지냈니? 어떤 공부를 했니?"

아이가 부모의 궁금함을 해소해 주는 답을 요약, 정리하여 말하기가 쉬울까요? 더구나 아이는 간혹 부정적인 질문을 듣기도 합니다.

"친구들이 혹시 너 안 괴롭히니? 별일은 없었니?"

아이의 대답은 시큰둥하지요.

"없었어요."

말수가 적은 것일까요? 말하고 싶은 대화 상황이 아니어서 딱히 할 말이 없는 것일까요?

물론 아이와의 대화는 꼭 필요하고, 감정과 생각을 쉽게 자기 밖으로 내놓지 않는 아이도 있을 것입니다. 이럴 때 솔직하게 이야기를 나누고 싶으시다면 글로 하는 대화가 한 방법입니다.

우리 반은 오래전부터 한 달에 한 번씩 토요일과 일요일을 이용하여 아이의 일기장에 부모님이 일기를 쓰십니다. 엄마 아빠가 다 가능하면 한 달 중 이틀 치 일기는 부모님의 몫이 되는 거지요. 아이들은 그날을 손꼽아 기다립니다.

이때는 아이의 입장에서 대신 쓰는 일기가 아닌 부모님 자신의 일기를 쓰셔야 합니다. 그래야 아이가 자연스레 부모의 일상과 마음을 알 수 있습니다. 말과 달리 글로는 따뜻한 표현을 쉽게 할 수 있습니다. 부모님들은 일기를 쓰며 아이들의 노고를 도닥이고 자신들의 힘든 하루를 담기도 합니다.

아이들은 힘들 때마다 부모님이 쓰신 그 글을 읽고 힘을 냅니다. 먼 훗날, 아이들이 부모님 나이가 되었을 때 자신의 일기장에 남겨진 엄마 아빠의 친필을 발견한다고 생각해 보세요. 얼마나 큰 추억이고 반가움일까요? 많은 학부모님이 흔쾌히 글을 써 주시고, 그 글을 통해 부모와 자녀의 마음이 연결되는 것을 봅니다. 1학년 부모님들은 아주 오랜만에 그림일기를 쓰시는 기회를 갖게 되지요. 이 체험을 한 부모님들은 한결같이 말씀하십니다.

"선생님, 아이한테 함부로 정성껏 써라, 그림도 잘 그려라 하지 않아야겠어요. 힘들어요."

부모님은 이 활동을 통해 자녀의 마음을 한층 더 가까이 이해하게 됩니다. 노력하지 않고 생기는 감동은 없습니다. 처음에 일기쓰기를 불편해하시던 부모님도 1년이 지나 자녀가 1학년을 마칠 때쯤이면 고마워하시는 경우가 많습니다.

글로 나누는 깊은 대화 어떠세요?

43

비사치기 놀이를 잘하는 나만의 방법!

1학년이 1학년에게 전하는 꿀팁!

여러 자세로 하는 법이 있으니 다 알고 연습한다. 특히 토끼뜀 자세가 제일 어렵다. 중요한건 균형을 잘 잡는 것이다. 신승윤

규칙을 잘 알아야 된다. 잘 세워지는 돌멩이를 구해야 된다. 중심을 잘 잡고 천천히 던져야 된다. 김예은

손목 힘으로 옆으로 해서 던지는 게 잘된다. 그리고 중심을 잘 잡는 게 매우 중요하다. 균형을 못 잡으면 아무 소용이 없다. 조성민

통합 교과 『겨울』 수업 중에는 예부터 전해지는 놀이를 배우게 됩니다. 초등학교 저학년 교육 과정에는 전래놀이가 꽤 많이 등장합니다. 공기놀이, 고무줄놀이, 연날리기, 사방치기, 비사치기, 투호, 긴줄넘기, 강강술래 등이 그것이지요. 전래놀이를 통해 조상들의 슬기를 배우고 전통을 기억하자는 취지입니다. 하지만 교과서에 나오는 전래놀이 수업을 한다고 처음부터 아이들이 즐거워하지는 않습니다.

"선생님, 조상들은 이렇게 재미없는 놀이를 왜 좋아했을까요?"

'그럼 그렇지. 요즘 아이들은 스마트폰으로 노는 거나 온라인 게임 하기를 좋아하지, 이런 오래된 놀이를 좋아할 리 없지.'

이렇게 생각하면 큰 착각입니다. 우리 반 아이들은 비사치기를 아주 좋아합니다. 충분히 놀고 충분히 익힐 시간을 주었기 때문이지요. 그야말로 '학이시습지學而時習之'('배우고 때맞추어 익히다'라는 의미로 『논어』에 나오는 말입니다), 즉 배우고 때때로 익힌 덕분입니다.

우리 반은 가을이 깊어 갈 때부터 비사치기를 시작했습니다. 옛날 아이들이 가지고 놀던 납작한 돌 대신에 나무로 만든 비교적 안전한 비사(비석)를 구매해 놀이를 했지요. 설명서를 한 장씩 나누어 주고 상대방의 비사를 내 비사로 넘어뜨리면 된다고 말해 줍니다. 먼저 발등에 비사를 올리고 시작해 무릎 사이에 끼운 다음 가슴, 어깨에 올리고, 제일 마지막에는 머리 위에 올려 게임을 합니다.

나름의 규칙을 만들어 보기도 하고 여러 가지 방법으로 팀을 새롭게 구성할 수도 있습니다. 가슴에 비사를 올리고 배를 쭉 내밀며 뒤뚱뒤뚱 걸어가는 아이들의 모습은 보기만 해도 즐겁습니다. 비사가 넘어갈 때는 아쉬움으로 여기저기서 탄성이 터지기도 합니다. 아이들은 이런 활동을 통해 자신의 몸을 관찰하고 균형 감각을 익힙니다. 이렇게 조금씩 한 달쯤 하다 보면 모두 비사치기를 좋아하게 됩니다.

처음부터 놀이를 쉽게 즐기는 아이도 있지만 대부분의 아이는 익숙해질 때까지 시간이 필요합니다. 규칙을 알고 요령을 터득하여 즐길 수 있도록 도와주어야 하지요. 아이들이 배우는 속도는 모두 다릅니다. 이 다름 앞에서 부모님도 교사도 초연한 마음을 가져야 합니다. 잘 안되어 실망할 때 용기를 북돋아 주고 기다려 주어야 합니다.

힘들어하고 속상해한다고 대뜸 답을 주면 안 됩니다. 어떤 것도 단번에 잘하기는 어렵습니다. 그렇게 반복하고 익히고 참는 과정을 배우는 곳이 학교입니다. 도전하고, 실패하고, 좌절하고, 그래도 다시 도전하는 힘을 가질 수 있도록 지켜보아야 합니다. 쉽지 않습니다. 하지만 어른인 우리가 꼭 해야 할 일입니다.

아이들의 비사치기를 보며 교사인 저의 마음도 자랍니다. 기다려 주는 것은 쉽지 않지만 지켜보아 주면 아이들은 잘 해냅니다. 낯설고 못하는데 즐길 수는 없습니다. 잘할 수 있어야 즐길 수 있습니다. 잘할 수 있으려면 시간이 필요합니다. 물방울의 잦음이 바위를 뚫는 것처럼 재미있는 놀이마저도 반복이 필요합니다. 교육은 기다려 주는 것입니다.

매번 친구들과 선생님의 관심을 독차지하려는 아이에게 뭐라고 말해 줘야 하나요?

"별이가 잘 완성했네요. 수고했어요."

말하기가 무섭게 달이가 큰 소리로 말합니다.

"선생님, 저도 다 했는데요."

"선생님, 조금 전에 별이에게 준 스티커 뭐예요?"

유난히 교사의 일거수일투족을 살피고 관심을 받으려는 아이들이 있습니다. 그런 아이들은 수업이 끝나면 집으로 돌아가 부모님께 하소연을 하기도 하지요.

"내가 손들었는데 선생님이 발표를 안 시켜 줬어. 너무 속상했어!"

이 말은 맞기도 하고 틀리기도 합니다.

한 교실의 수업 시간에는 스무 명이 넘는 아이들이 함께 공부합니다. 20분의 수업 시간 동안 질문이 20번 있고 답하는 시간이 1분이라고 하면, 한 아이가 20번 모두 손을 들어도 1번 발표하는 것이 공평합니다.

이때 한 아이가 손을 들고 발표 기회를 얻습니다. 그 뒤에도 수업 내내 손을 듭니다. 하지만 이제 기회는 다른 아이들에게 가지요. 그러면 아이는 자신이 발표를 한 1번이 아니라 손을 들었지만 발표 못 한 19번만을 기억합니다.

관심받기를 좋아하는 아이들은 이 문제에 더 민감합니다. 이런 상황을 아이 입장에서 알아들을 수 있게 설명해 주는 일이 필요합니다. 교실은 혼자 독차지할 수 있는 곳이 아니니까요.
가끔 특정 친구에게 집착하여 그 친구가 다른 친구와 잠시 이야기만 나누어도 토라지거나 힘들어하는 아이도 있습니다.
이렇게 교사나 친구에게 유난히 관심을 받고 싶어 하는 아이는 가정에서 어떻게 도와주면 좋을까요?
아이가 충분히 사랑받고 있음을, 자신의 존재가 존중받고 있음을 느낄 수 있도록 해 주어야 합니다.
아이가 일기를 다 썼다고 이야기할 때 어떤 태도를 보이시는지 되짚어 보세요. 설거지하던 손을 멈추지 않고 건성으로 칭찬을 해 주거나, 일기장을 몇 초도 바라보지 않고 평가를 먼저 하시는 경우는 없으신가요? 그렇게 하면 아이는 충분한 인정을 받았다고 느끼기 어렵습니다. 적어도 몇 분이라도 진심을 다해 아이의 일기장을 읽어 주셔야 합니다.
그때 부모님의 멘트는 그리 중요하지 않습니다. 그저 시선이 머무는 시간이 필요합니다. 충분히 시간을 내어 지켜봐 주는 행위에 의미가 있습니다. 관심을 가지고 아이의 마음에 함께 머물러 주세요. 그러면 아이는 자기 노력의 과정이 인정받았다고 느낍니다. 그런 경험이 쌓여서 마음이 채워집니다. 마음이 채워진 아이는 타인의 관심에 보다 의연해질 것입니다.

44

태풍놀이에서 끝까지 살아남는 법!

1학년이 1학년에게 전하는 꿀팁!

태풍놀이 할 때 안 잡히는 방법은 빨리 달리는 것이다. 학교에서 달리기 하는 시간은 많기 때문에 달리기 연습을 열심히 해 두면 안 잡히는 데 도움이 된다. 달리기가 느리면 머리를 쓰자. 술래가 어느 방향으로 오는지 보고 술래가 없는 곳으로 순간적으로 도망치면 된다. 유인도 좋은 방법이다. 도망 다니다 다른 친구 쪽으로 딱 붙으면 된다. 술래는 그 친구를 잡으려고 할 수도 있다. 술래가 됐을 때는 달리기가 빠른 친구를 먼저 잡는다. 가만히 서 있다가 갑자기 달려들어서 잡는 것도 좋은 방법이다.

박지인

태풍놀이 술래는 한 번에 몇 명이 함께 합니다. 술래 외의 사람은 모두 '바람'이 됩니다. 술래는 '큰 태풍'이고 술래에게 잡히면 '작은 태풍'이 되며, 작은 태풍은 큰 태풍과 한 편이 되지요. 작은 태풍은 제자리에 멈추어 서서 팔을 움직여 바람을 잡을 수 있습니다. 바람은 멈추어 서 있을 수 없으며 계속 움직여야 합니다.

이 놀이는 1학년 『여름』 교과서에 실려 있습니다. 적당한 공간만 있으면 할 수 있는데, 맨발로 하면 아이들이 더 즐거워합니다.

"우리는 큰 태풍이다! 우리는 큰 태풍이다! 우리는 큰 태풍이다!"

놀이가 시작될 때 술래는 함께 모여 운동장이 울릴 정도로 크게 외칩니다. 한 아이가 속이 뻥 뚫리는 것 같다고 합니다. 교실에서는 조용히 해야 하지만 운동장에 나오면 큰 소리로 말할 수 있어 좋습니다. 소극적인 아이들은 태풍놀이를 통해 용기를 얻습니다. 혼자 외치는 것은 부담스럽지만 친구들과 함께 하면 두렵지 않으니까요.

태풍놀이는 단순하지만 이를 통해 규칙을 지키는 연습을 할 수 있습니다. 바람인데 작은 태풍인 것처럼 가만히 서 있는 아이들의 경우 규칙을 어기는 자신의 행동을 돌아볼 계기를 갖게 되지요. 또 규칙 준수에 대한 친구들의 의견을 듣는 기회를 갖게 되기도 합니다.

어느 날, 아이들이 새로운 아이디어를 냈습니다. 원래는 모둠별로 돌아가며 술래를 했는데 이번에는 규칙을 새롭게 정하자는 것이었습니다. 이제 놀이의 재미가 하나 더 생겼습니다. '청바지 입은 사람', '안경 낀 사람', '옷에 알파벳 있는 사람' 등을 술래로 정하면서 아이들은 자연스럽게 분류 기준을 배우고 주변을 관찰하는 능력을 키웁니다.

'머리 묶은 사람'을 술래로 정하면 여자아이들만 술래가 된다고 남자아이들이 의의를 제기하기도 합니다. 이렇게 아이들은 놀이를 통해 자랍니다. 교과서로는 배울 수 없는 무언가를 배웁니다. 게다가 억지로 하지 않아도 됩니다. 언제나 하고 싶어 하기 때문입니다. 몸으로 배우고 몸으로 느끼며 마음이 자라는 모습이 보이는 듯합니다.

아이들은 놀이가 최고의 공부입니다. 몇 번을 강조해도 부족합니다. 술래인 큰 태풍이 바람을 다 잡아 갈 무렵 놀이 시간이 끝났습니다. 그때까지 잡히지 않은 아이들이 "살았다!"라고 크게 외치며 놀이가 마무리되었지요. 살아남은 자의 기쁨을 누리는 아이들의 표정이 살아 있습니다. 1학년에게 놀이는 인생 공부입니다.

아이가 늘 짜증을 내고 무기력할 때는 어떻게 하나요?

아이가 집에서 가족들과 행복하게 시간을 보내고 학교에 올 수 있도록 해 주세요. 쉽게 짜증을 내고 무기력해서 학교생활이 힘든 한 아이의 어머니와 상담을 한 적이 있습니다. 어머니는 맞벌이로 직장에 다니는 중이셨고, 아버지는 지방 근무로 주말 부부생활을 하고 계셨지요.

"늦게 퇴근해 왔을 때 낮에 전화로 부탁했던 일을 해 놓은 적이 한 번도 없어요. 양말은 여기저기 던져 놓고 숙제도 안 하고 놀고 있어요."

어머니는 잔소리를 하다 보면 제대로 훈육이 되지 않고 아이도 자신도 기분이 나쁜 채로 잠자리에 들게 된다고 하셨습니다. 물론 다음 날 아이는 늦게 일어나게 되어 기분이 좋지 않은 채 등교하기 일쑤였겠지요.

"맞아요, 선생님. 그래서 매일 전쟁이랍니다."

저는 우선 2주 정도라도 다르게 생활해 보실 것을 권했습니다. 퇴근 후 아이와 함께 행복하게 지내는 것을 목표로 삼으라고 말씀드렸습니다.

"10시에 퇴근하시더라도 아이가 깨어 있다면 30분이라도 함께 놀아 보시는 거예요. 여름이면 잠시 동네 산책을 할 수도 있을 거고 보드 게임도 할 수 있겠지요."

"숙제는 어떻게 하고요? 해야 할 일들은 다 어떻게 해요?"

방이 좀 더러워도, 숙제를 못 했어도 중요한 것은 아이의 마음입니다. 아이에게는 행복한 경험, 행복한 시간이 필요합니다. 하루 종일 엄마를 기다렸을 아이의 마음을 알아주는 것이 먼저이지요.

"숙제는 숙제를 낸 교사인 제가 알아서 하겠습니다. 아이와 저의 약속이니까, 그건 담임인 제 몫입니다."

숙제를 안 해 오면 학교에서 하게 할 수도 있습니다. 만약 제때 숙제를 하지 않는 일이 반복되면 오늘 내 준 숙제를 교실에서 해결하고 가게 할 수도 있지요. 무엇보다 이제까지의 양육 태도와 방법으로는 그 아이에게서 변화를 기대하기 어려웠습니다.

"어머니로부터 실수나 게으름을 이해받지 못하면 학교에서도 즐겁게 생활하기 힘듭니다. 그러니 먼저 아이의 마음에 집중해 주세요."

어머니는 그렇게 해 보시겠다고 약속을 했습니다. 2주가 채 지나기도 전에 변화가 눈에 띄었습니다. 그 아이가 등교하는 모습이 조금씩 좋아졌습니다. 웃으며 인사하는 날이 많아졌고 친구들과의 다툼도 줄었습니다. 아이는 집 안에서도 학교에서도 평화로워졌습니다.

부모님이 자신의 힘듦을 알아주고 이해해 준다는 사실을 아이가 느껴야 합니다. 가족과 함께 행복한 시간을 가져 보는 것이 최고의 교육입니다. 학습 습관은 그 이후에 갖추어도 늦지 않습니다. 집에서 아이와 어떤 시간을 보내는지 돌아보세요. 그 시간을 채우는 것이 잔소리와 꾸중인지 대화와 소통인지 생각해 보셨으면 좋겠습니다.

45

1학년 후배들아,
1학년은 재미있어!

1학년이 1학년에게 전하는 꿀팁!

처음 선생님과 친구들을 만나면 긴장이 되는 건 당연해. 하지만 맨발 걷기, 사방치기, 이어달리기, 태풍놀이, 달팽이놀이, 구름사다리 타기, 철봉 매달리기 등 같이 놀 기회가 너무너무 많아서 쉽게 친해지고 너무나 즐거워. 그리고 공부도 걱정할 필요 없어. 낱말카드 놀이, 그림책 보고 이야기 나누기, 숫자놀이, 물방울 만들기, 우산 만들기, 색종이로 길이 잇기, 발표회 등 진짜 재미있게 배워. 그래서 난 학교 가기 전에 항상 기대돼. 이제 1학년 생활이 얼마 남지 않아 아쉬울 정도야. 즐거운 학교생활 되길. 파이팅!

김나연

늦가을의 어느 날이었습니다. 우리 반 아이들에게 선배로서 내년 1학년에게 해 주고 싶은 말을 글로 써 보자고 했습니다. 줄넘기를 잘하는 방법, 화장실에서 지킬 일, 복도에서 안전하게 다니기 등의 여러 글 속에서 '1학년은 재미있다'는 말이 몇 번이나 보였습니다. 참 다행이었습니다. 모든 배움의 출발은 재미있어야 하니까요.

통합 교과 『봄』 시간에 물감놀이를 한 적이 있습니다. 우리는 표현의 기술이 아닌 감수성을 갖추면 되는 활동을 택했습니다. 회화적인 표현보다는 우연에 가까운 예술 활동입니다. 데칼코마니, 물풀로 그리기, 손가락으로 그리기, 스펀지로 찍기 등이 그렇지요.

수업을 위해 여러 가지 모양과 색깔의 종이를 준비하고 각자 좋아하는 종이를 고르게 했습니다. 선택할 수 있어야 수업의 주인이 될 수 있지요. 아이들은 그림물감이라는 도구를 사용할 때 아주 흥미 있어 합니다. 설레는 마음으로 나무 모양의 밑그림에 스펀지를 찍어 잎을 만들어 봅니다. 완성되면 큰 도화지에 자기의 작품을 붙입니다. 삐뚤빼뚤해도 도와주지 않고 기다립니다.

"선생님 이렇게 하면 되나요?"

"별이 마음에는 들어요?"

자주 교사인 저의 의견을 묻는 아이가 있습니다. 하지만 저는 그 작품의 주인이 그 아이임을 알려 줄 뿐입니다.

그런데 단순히 미술 활동만 하고 끝내기에는 아쉬움이 있습니다. 서로의 작품을 보고 스토리텔링의 시간을 가지기로 합니다. 그다음 자신이 탄생시킨 나무에 대해 설명하는 글쓰기도 해 봅니다. 이렇게 하면 미술 감상 수업이 되지요.

"이 나무는 엄마 나무야. 좀 있다 학교에서 돌아올 아기 나무를 기다리고 있어."

자기 작품을 해석하고 친구들과 의미를 나눕니다. 교사인 저에게는 미술 공부와 국어 공부가 만나는 순간이지만, 아이들에게는 재미있는 활동이 계속되는 시간일 뿐입니다. 물감이 여기저기 묻어 교실 정리가 힘들어져도 아이들은 모두 자신이 완성한 작품에 만족합니다.

"여러분, 이제 급식실로 가요."

"벌써요?"

아이들이 눈을 동그랗게 하고 되묻습니다. 오늘 수업은 성공입니다. 아이들은 배움에 한껏 몰입했습니다. 점심시간이 온 줄도 모르고 있었을 정도로 말이지요.

부모나 교사가 아이를 자신의 생각대로 만들기 위해 가르쳐서는 안 됩니다. 아이는 어리지만 나름의 인격과 개성을 갖고 독립적인 인생

을 살아가는 인격체입니다. 아이들이 창조한 서른한 그루의 나무를 봅니다. 나무마다 아이들의 고유한 빛깔을 가졌습니다. 아이들도, 아이들이 그린 나무도 내 뜻대로 자라나길 바라면 안 됩니다. 교사는 아이들이 스스로 뜻을 잘 세울 수 있도록 동행할 뿐입니다.

드디어 겨울방학이 다가옵니다. 이맘때면 그동안의 힘듦이 쌓여 휴식이 필요하다고 느껴집니다. 몸도 마음도 좀 쉬어야 하지요. 그런데 유난히 방학이 오는 걸 아쉬워하는 아이가 있었습니다. 학교생활을 어려워해서 관심을 많이 가졌던 아이였습니다. 하루는 아이가 몇 번이나 제 자리 주변을 어슬렁거리더니 어렵게 말을 꺼냈습니다.

"선생님, 방학 안 하면 안 돼요? 우리 반만 안 하면 안 돼요?"

아이는 자신의 말이 선생님을 향한 최고의 칭찬인 줄 모릅니다. 이 말이 저를 행복한 교사로 살아가게 합니다.

"1학년 후배들아, 1학년은 재미있어!"

힘들지만 1학년을 잘 살아낸 그 아이가 쓴 글의 제목입니다.

AI시대를 살아나갈 우리 아이, 어떻게 가르쳐야 하나요?

지금 자라고 있는 아이들은 현재를 살아가는 우리와는 다른 삶을 살아야 합니다. 부모나 교사에게는 달라질 미래 사회를 예측할 수 있는 능력이 요구됩니다만, 현실적으로 이런 일은 쉽지 않습니다. 물론 'AI 시대에 사라질 직업' 목록이 종종 뉴스 보도나 신문 기사로 나오기는 합니다.
이런 예측은 우리를 불안하게 하지만, 사실 이에 근거해 아이의 교육 방향을 정하는 일 또한 불안하기는 마찬가지입니다. 기술 발전 속도는 하루가 다르게 빨라지고, 코로나19와 같은 변수가 그 기술의 일상 침투를 가속화할 수도 있으며, 또 그로 인해 한 직업군이 사라지는 반면 누구도 예상하지 못한 새로운 직업들이 생겨나기도 할 테니까요.
이런 상황에서는 "이과만이 살길이다", "코딩을 배워야 한다", "예술 계통에 답이 있다"라면서 특정한 공부를 시키기보다는 변화의 거친 파도를 뚫고 나아갈 수 있는 근본적인 힘을 길러 주는 편이 더 좋겠습니다.
즉, 변화에 대처하며 새로운 것을 습득하는 유연성, 실패해도 다시 일어날 수 있는 회복력, 자신이 진짜 좋아하는 것을 추구할 수 있는 '정신적 근력' 등을 키워 주는 데 초점을 맞추어야 한다는 얘기이지요.
이를 위해서는 공을 아이들에게 넘겨주어야 합니다. 스스로 판단하고 고민하고 헤쳐 나갈 수 있도록 도와주어야 합니다. 이제껏 부모 세대가 판단한 것으로 자녀를 양육해서는 이런 환경을 만들기 힘들겠지요. 익숙한 방식을 벗어난 시도에는 불편과 염려가 따르기 마련이지만 미래 사회는 지금까지의 입시 위주 교육으로는 대비하기 힘들어 보입니다.

아이들은 배움을 좋아하고 스스로 배울 수 있는 존재입니다. 좌절을 겪더라도 그런 아픈 경험에서 성장할 수 있다는 것을 잊지 마세요. 아이는 자기가 생각하는 한계를 훌쩍 뛰어넘어 배움을 성취할 수 있는 훌륭한 존재입니다.

부모와 교사는 아이에게 이런 점을 깨닫게 해 주는 사람이어야 합니다. 교실 안의 사소한 문제부터, 친구 관계를 맺으며 겪는 어려움까지 지혜롭게 해결할 기회를 주세요. 아이가 스스로 배워 나가는 사람이 되도록 말입니다.

부모와 교사는 아이의 좋은 파트너가 되어야 합니다. 아이는 내가 어려운 일을 대신해 주어야 하는 대상도 아니고 원하는 모습으로 길러 내야 하는 대상도 아니지요. 아이를 나름의 인격과 개성을 가지고 독자적인 인생을 살고 있는 파트너로 보아 주세요. 부디, 서로에게 성장의 자양분이 되면서 함께 배우고 함께 살아가는 좋은 파트너가 되어 주시면 좋겠습니다.

체크리스트

아이의 자율적 학습에 나는 얼마나 도움을 주고 있을까요?

1. 등굣길에서 본 자연의 변화와 매일의 날씨에 대해 자주 의견을 나누나요? ☐
2. 놀이터에서 친구들과 자유롭게 놀 수 있는 시간을 주나요? ☐
3. 자녀가 꾸준히 하는 운동, 일기쓰기 등에 관심을 갖고 자주 격려해 주나요? ☐
4. 놀이터에서 작은 위험을 경험하고 이겨 낼 기회를 주나요? ☐
5. 자녀가 평생 쓸 몸과 마음을 튼튼하게 가꾸어 주기 위해 노력하고 있나요? ☐
6. 성취감을 느낄 수 있는 운동이나 악기 연습 등을 꾸준히 하도록 돕나요? ☐
7. 생태 지능을 기르기 위해 자연 친화적인 가족 활동을 하나요? ☐

놀이는 좋은 공부입니다. 놀이는 계획과 실행을 아이들 스스로 하지요. 아이들은 공부도 놀이처럼 해야 합니다. 그래서 놀이는 공부이고 공부는 놀이가 되는 교실이 좋은 교실입니다. 그런 공부에 어울리는 자녀로 자랐으면 하고 바라시나요? 작은 것이라도 꾸준히 계속할 수 있는 기회를 주세요. 꾸준함을 자주 칭찬하고 격려해 주세요. 머릿속 지식만큼 몸과 마음의 능력도 함께 기를 수 있도록 도와주세요. 온 가족이 손잡고 동네 한 바퀴 산책도 하고 함께 책도 읽고 이야기도 나누는 가정 문화를 만들어 보세요. 1학년이 된 자녀와 함께 부모님도 성장할 수 있을 것입니다.

"1학년 선생님 중에서 우리 선생님이 제일 좋아요!"

우리 반 아이들은 자주 이렇게 말합니다. 저도 우리 반 아이들이 제일 좋습니다. 내 선생님, 내 아이들이기 때문이지요. 잘나고 똑똑해서가 아니고 나에게 인연으로 온 소중한 내 편이니까 조건 없이 사랑스럽고 귀한 것입니다. 내 부모, 내 자식이 잘나서 존경하고 사랑하는 것이 아니듯이 말입니다.

"우리 선생님이 무슨 이유가 있겠지."

"우리 학생이 무슨 사정이 있겠지."

이렇게 교사를 믿어 주시는 부모님, 아이를 기다려 주는 교사가 만나야 비로소 교육이 이루어집니다. 학부모님과 담임 교사는 자녀로서, 제자로서 아이를 공유하는 어마어마한 운명 공동체입니다.

나의 성공에 진심으로 기뻐해 주는 사람은 이 세상에 부모와 선생뿐이라는 말이 있습니다. 그런 선생으로 살아오면서 세상을 향해 하고 싶은 말이 많았습니다. 이 땅의 아이들이 부모나 교사의 지나친 기대라는 짐을 벗고 행복한 학생으로 살아갈 수 있도록 함께 애써 보자고 말씀드리고 싶었습니다.

사랑한다는 것은 비 오는 날 우산을 건네는 것이 아니라 함께 비를 맞아주는 것입니다. 아이들과 함께 비를 맞으며 아이들과 함께 성장하는 것이 교육이라고 생각합니다. 우산을 씌우며 어려움에서 구해 주는 것이 아니라, 온몸으로 함께 비를 맞으며 아이들이 자신의 삶을 살아 내는 것을 응원하고 지켜보고 싶습니다.

마음처럼 잘 안될 때도 많고 희망이 보이지 않는 것 같아 막막할 때도 있습니다. 그래도 이 땅의 많은 교사들은 힘들어도, 느려도, 포기하지 않고 아이들의 '선생님'이 되기 위해 애쓰며 살고 있습니다. 교사는 다른 이름의 부모입니다. 그런 교사가 아이들을 기다리는 곳이 학교입니다. 너무 걱정하지 않으셔도 됩니다. 첫 자녀의 입학을 앞둔 부모님들이 이 책을 덮으며 마음이 따뜻해지셨으면 좋겠습니다.

저를 '선생님'으로 기억해 주는 사랑스러운 제자들과 이 책의 출간을 함께 기뻐하고 싶습니다.

고맙습니다. 덕분입니다. 사랑합니다.

EBS 부모교육
1학년이 쓴 1학년 가이드북

초판 1쇄 인쇄 2022년 12월 9일
초판 5쇄 발행 2024년 9월 30일

지은이 최순나, 대구대봉초등학교 1학년 3반 학생들
그린이 김해선

펴낸이 김유열 | 디지털학교교육본부장 유규오 | 출판국장 이상호
교재기획부장 박혜숙 | 교재기획부 장효순
북매니저 이민애, 윤정아, 정지현
책임편집 유지현 | 디자인 HEEYA | 인쇄 재능인쇄

펴낸곳 한국교육방송공사(EBS)
출판신고 2001년 1월 8일 제2017-000193호
주소 경기도 고양시 일산동구 한류월드로 281
대표전화 1588-1580 | 이메일 ebsbooks@ebs.co.kr
홈페이지 www.ebs.co.kr

ISBN 978-89-547-7250-1 (13590)